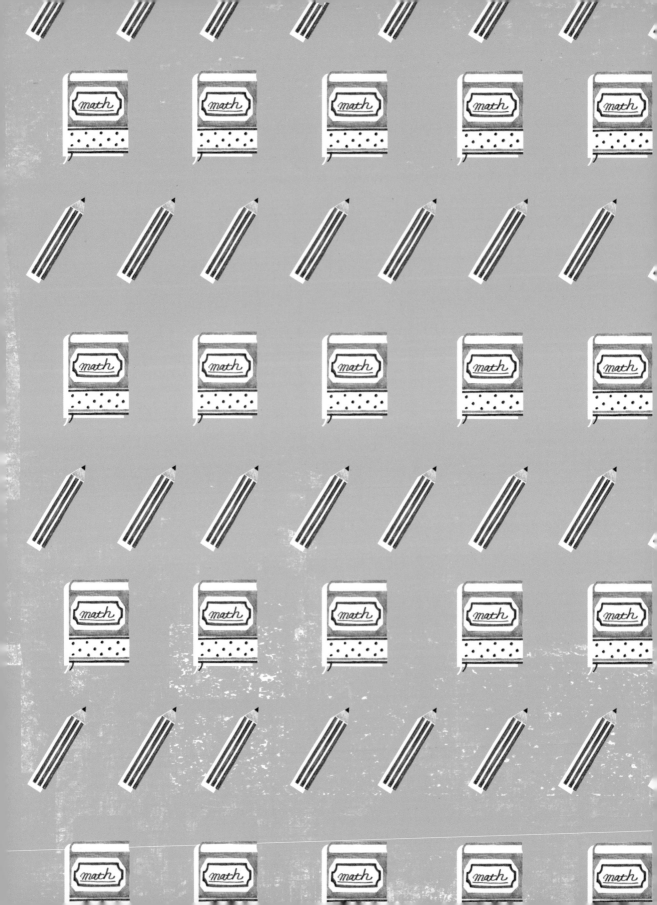

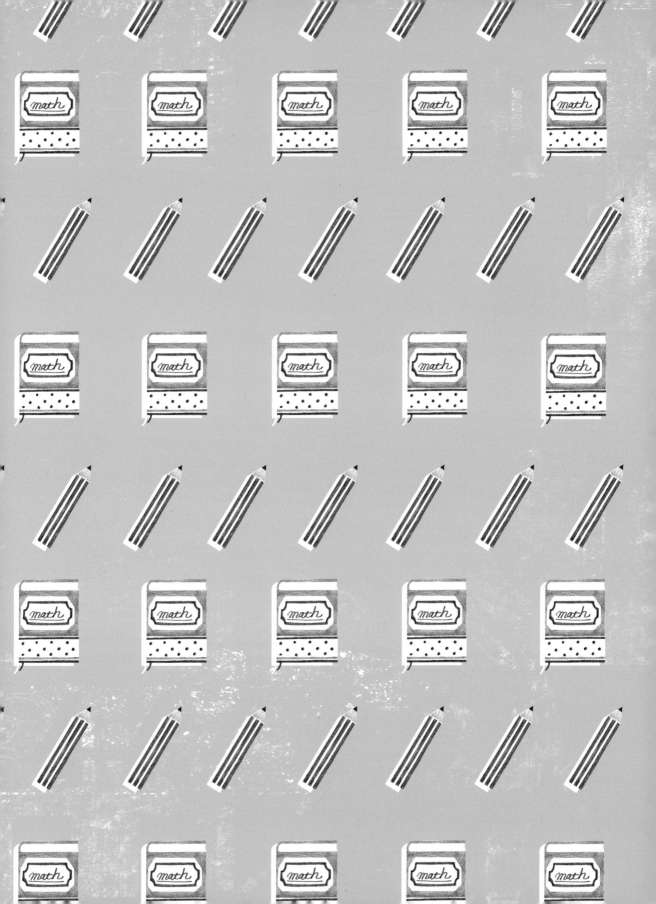

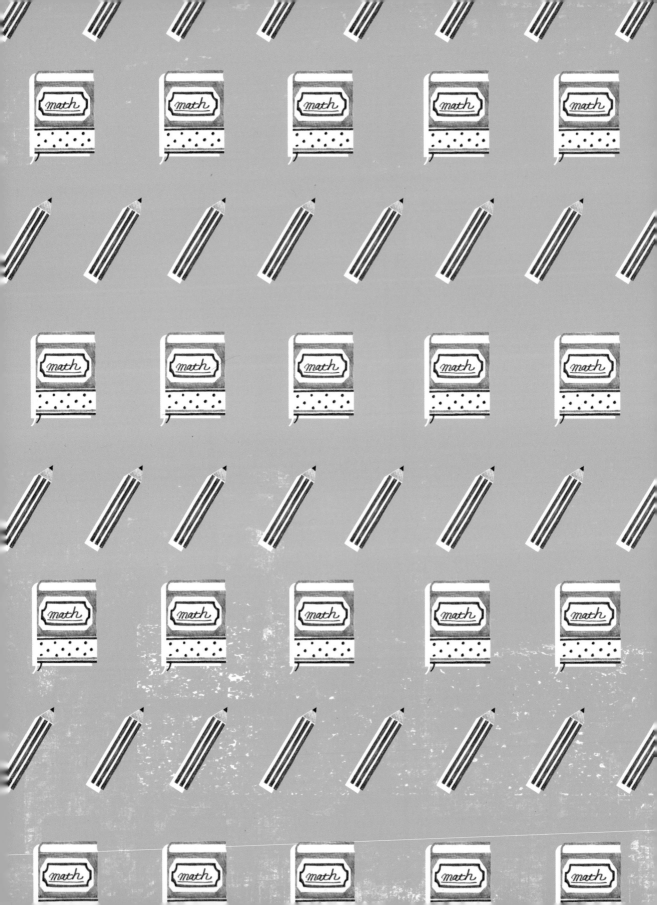

STEaM 스팀 수학

4학년

상상의집

이 책을 만드는 데 함께해 주신 분들!

동화

서지원 개정 초등 수학 교과서 집필에 참여했습니다. 한양대학교 국문학과를 졸업하고 1989년 『문학과 비평』에 소설로 등단했습니다. 신문사 기자, 벤처 기업 대표, 출판사 편집자를 거쳐 현재 동화 작가로 활발히 글을 쓰고 있습니다. 쓴 책으로는 『빨간 내복의 초능력자』, 『몹시도 수상쩍은 과학교실』, 『즐깨감 수학일기』, 『즐깨감 과학일기』, 『어느 날 우리 반에 공룡이 전학 왔다』, 『훈민정음 구출 작전』, 『원더랜드 전쟁과 법의 심판』, 『원리를 잡아라! 수학왕이 보인다』, 『개념교과서』, 『토종 민물고기 이야기』, 『귀신들의 지리공부』, 『무대 위의 별 뮤지컬 배우』, 『어린이를 위한 리더십』 등이 있습니다.

그림

허경미 어린 시절의 꿈을 이루어 일러스트레이터가 되었습니다. 소소한 일상을 사랑하고 새로운 패턴을 그리는 것을 좋아합니다. 여러 교과서 작업과 월간지 등 일러스트가 쓰이는 여러 분야에서 즐겁게 그림을 그리고 있습니다.

문제 출제 및 감수를 해 주신 선생님들

김혜진 선생님 경기 석곳초등학교에서 어린이들을 가르치고 있습니다. 대학에서 초등교육과 유아교육을 전공하고 현재는 서울교육대학교 대학원에서 초등수학교육과 석사과정을 공부하고 있습니다. 현재 (사)전국수학교사모임 초등팀에서 수학시간을 더욱 즐겁게 하는 방법을 연구하고 있습니다.

김가희 선생님 서울 지향초등학교에서 어린이들을 가르치고 있습니다. 서울교육대학교 대학원에서 초등수학교육과 석사과정을 공부하고 있답니다. 수학을 어려워 하는 어린이들이 수학을 즐겁게 이해할 수 있게 도와줄 방법을 연구하고 있답니다.

구미진 선생님 서울 장충초등학교에서 어린이들을 가르치고 있습니다. 교원대학교에서 석사학위를 받고 싱가포르 수학 교과서와 한국 수학 교과서를 비교하여 연구하였습니다. 지은 책으로는 『수학사와 수학이야기(공저)』가 있습니다.

최미라 선생님 서울 송중초등학교에서 어린 친구들을 가르치고 있습니다. 현재 서울교육대학교 수학교육과 석사과정과 (사)전국수학교사모임 초등팀에서 더 쉽게 수학의 즐거움을 누릴 수 있는 방법을 열심히 연구하고 있답니다. 지은 책으로는 『사라진 모양을 찾아서』, 『스테빈이 들려주는 유리수 이야기』, 『손도장 콩콩! 놀자 규칙의 세계』, 『손도장 콩콩! 놀자 입체도형의 세계』 등이 있습니다.

김민회 선생님 서울교육대학교 수학교육과 석사과정에 있으며 서울 광남초등학교에서 아이들을 가르치고 있습니다. 방과 후 수학 영재 학급 운영, 영재교육 창의적 산출물 대회 참가 등 수학에 대한 관심이 많아 여러 활동들을 하고 있습니다. (사)전국수학교사모임 초등팀에서 더 즐겁고 재밌는 수학 공부 방법에 대해 연구하고 있지요. 지은 책으로는 『최고의 선생님이 풀어주는 수학 해설학습서』가 있습니다.

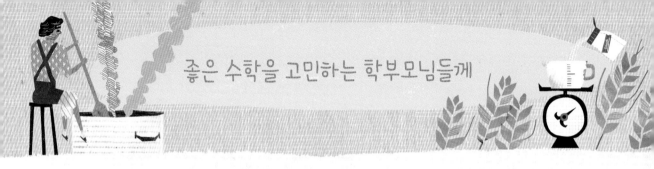

새 교과서와 함께 만드는 즐거운 〈스팀 STEAM 수학〉

2013년부터 초등학교 1, 2학년은 새로운 수학 교과서를 사용하게 됩니다. 새 교과서는 기존의 수학 교육과 달리 'STEAM 교육 이론'을 도입하여 Story-telling 방식으로 구성되어 있습니다. 요약된 학습 내용과 문제 중심의 교과서가 스토리텔링 방식의 서술과 창의 문제를 중심으로 바뀌는 것 이지요.

'STEAM' 이란 과학, 기술, 공학, 예술, 수학을 뜻하는 영어 단어의 앞 철자를 따서 부르는 말로 창의적 인재를 키우기 위해 여러 분야를 통합한 융합 교육을 의미합니다. 수학은 STEAM의 마지막 키워드로 융합 교육에서 과제 해결을 위한 도구로 사용되지요.

STEAM 교육에서 수학을 공부할 때는 다양한 분야에 녹아 있는 수학적 개념과 원리를 찾아내고 이해하는 것이 중요합니다. 또한 성취를 평가하는 방법 역시 계산 위주의 문제에서 풀이 과정을 중시하는 서술형 문제로 바뀌게 됩니다. 따라서 스토리텔링 방식의 서술에서 개념을 파악한 뒤, 개념에 대한 충분한 이해를 바탕으로 창의적으로 문제를 해결하고 이를 효과적으로 표현하는 서술 능력이 필요합니다.

〈4학년 스팀 STEAM 수학〉은 교과서 집필진과 초등 현직 선생님들이 함께 만든 스토리텔링 수학 책입니다. 수학 개념이 제대로 녹아든 재미있는 이야기와 통합교과형 창의 문제들로 수학을 즐겁게 시작할 수 있습니다. 〈4학년 스팀 STEAM 수학〉은 어린이들에게 자기 주도 학습의 동기를 주고 더 탄탄한 수학 세계로 가는 디딤돌이 될 것입니다.

스토리텔링 동화 → 개념 추출과 정리 → 개념 문제 → 창의 문제

개념 이해 · · · 수학적 적용 훈련 · · · 창의력 개발

이 책의 구성과 활용

◆ 수학 과목에서 해당되는 분류를 안내합니다.
◆ 관련 교과 단원을 소개합니다.

재미있는 이야기

◆ 수학적 개념과 원리를 재미있는 이야기로 담아냈습니다.
◆ 이야기 속 개념을 짚어 줍니다.

◆ 현직 초등학교 선생님들의 생생한 수업을 담았습니다.

◆ 개념과 원리를 스스로 깨칠 수 있도록 돕습니다.

◆ 이해의 폭을 넓히는 친절한 조언을 담았습니다.

개념 튼튼, 개념 문제

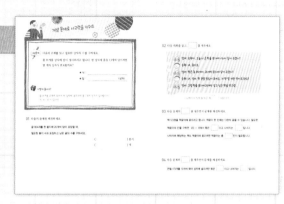

◆ 현직 초등학교 선생님들이 직접 출제한 개념 문제를 풀어 봅니다.

◆ 스토리텔링 서술에서 수학적 개념을 도출하는 방법을 안내합니다. 최근의 평가 경향을 반영한 다양한 유형들을 소개합니다.

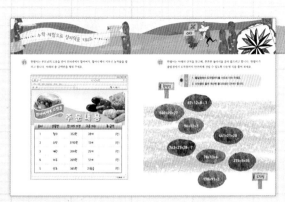

창의력 쑥쑥, 창의 문제

◆ STEAM 교육 이론을 반영한 창의 문제로 수학적 창의력을 높입니다.

◆ 놀이처럼 즐겁게 수학적 사고의 방법을 알려 줍니다.

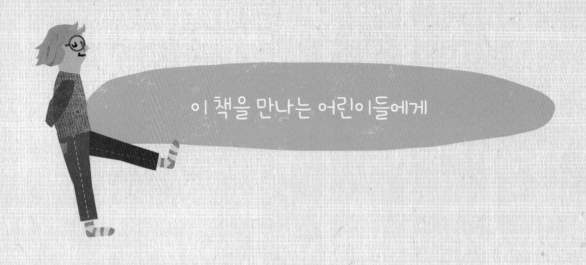

이 책을 만나는 어린이들에게

"수학을 왜 배워?"란 말은 더 이상 할 수 없을걸?

새로운 수학 교과서를 만난 어린 친구들은 행운인지도 몰라. 지금 어른들이 어린이였을 때는 수학이 지루하고 어려운 과목이라고 생각한 경우가 정말 많았거든. 공식을 달달 외우고 숫자들과 씨름할 때마다, "수학을 왜 배워야 해? 생활에는 아무 쓸모없는데."라고 불평하기 일쑤였지. 하지만 수학은 우리 생활 아주 가까이에 있어. 수학적 눈으로 우리 주변을 살펴보면 우리 주변의 모든 것들이 신기하게도 수학과 관련이 있지. 이렇게 수학을 신나게 익히는 방법을 많은 분들이 연구했단다. 그래서 어린 친구들 앞에 즐거운 수학으로 가는 안내서를 내놓았어.

이 책을 읽을 때는 편안한 마음으로 이야기를 먼저 읽어 보자. 재미있는 이야기일 뿐이라고 생각했다면, 〈선생님과 함께하는 개념 정리〉에서 놀라게 될 거야. '이야기 속에 이런 수학이 숨어 있었다니!' 하고 말이야. 그리고 이야기에서 찾아낸 개념들로 이루어진 문제를 풀어 보자. 문제라고 겁먹을 것 없어. 개념을 잘 이해하고 있다면 차근차근 따라갈 수 있는 즐거운 수수께끼니까 말이야. 가끔은 신나게 그림을 그리고 미로를 찾아가기도 하지. 어린 친구들은 고개를 가우뚱거릴지도 몰라. "이게 수학이라고?" 그래! 이것이 바로 수학이야. 우리가 만나 볼 새롭고 즐거운 수학!

차 례

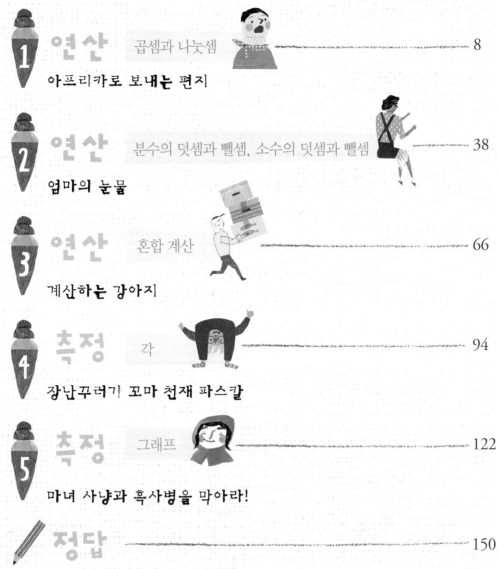

1 연산

곱셈과 나눗셈

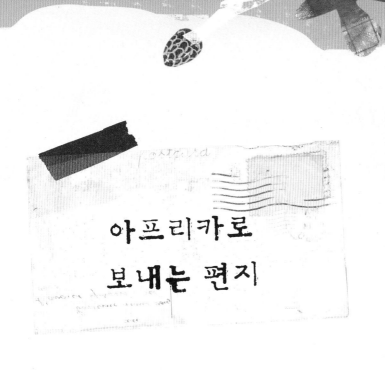

아프리카로
보내는 편지

이럴 순 없는 거다. 겨우 초등학생인 자식을 두고 부모님이 사라지다니! 나는 아침부터 성난 코뿔소마냥 씩씩거리며 집안을 돌아다녔다. 늦잠을 자고 일어났더니 집 안에는 아무도 없었다. 한참 두리번거리는데 식탁 위에 편지 하나가 놓여 있지 뭔가. 엄마랑 아빠가 아프리카로 떠난다는 편지였다. 편지에는 나처럼 게으르고, 게임을 좋아하고, 빈둥대는 아이는 아프리카에서 적응할 수 없을 거라는 말이 쓰여 있었다.

"그럼 나는 어떡하라고!"

나는 발을 구르며 소리를 내질렀다. 바로 그때였다. 딩동 소리가 났다. 인터폰을 들여다 보니 밀짚모자를 쓴 새카만 얼굴의 할아버지가 서 있었다. 바로 우리 할아버지였다. 할아버지는 인터폰 카메라를 향해 손을 흔들며 말씀하셨다.

"한별아, 방학 동안 우리 집에 와 있기로 했다며? 잘 생각했다, 내 손주!"

마음 같아서는 절대 할아버지를 따라 나서고 싶지 않았지만 어쩔 수 없었다. 혼자 밥을 차려 먹을 자신도 없었고, 혼자 집을 청소할 자신도 없었다. 그리고 무엇보다도 한 달이나 되는 긴 시간을 혼자 있을 자신이 없었다.

"치사하게 나만 버려두고 가다니."

나는 할아버지 집으로 가는 내내 투덜거렸다. 그러나 할아버지는 엄마랑 아빠가 좋은 일을 하러 간 것이니 이해하라는 말만 되풀이했다. 아프리카로 자원봉사를 떠난 엄마랑 아빠가 자랑스럽다나. 할아버지는 집으로 가기 전에 모종 가게에 들러 씨앗을 좀 사야 한다고 했다.

"내일 밭에다 심을 씨앗이란다."

할아버지는 상추 씨앗이 든 봉투를 300개 샀다. 봉투 한 개에는 무려 500개의 씨앗이 들어 있었다.

'으헉, 설마 이렇게 많은 씨앗을 한꺼번에 다 심는 건 아니겠지?'

1

⭐ 씨앗이 500개씩 들어 있는 봉투가 300개나 있어요. 씨앗은 모두 몇 개일까요?

• 5와 3을 곱하면 15이므로, 500에 있는 2개의 0과 300에 있는 2개의 0을 15 뒤에 붙이면 되지요.
  그래서 답은 15에 0이 4개 붙은 150000.

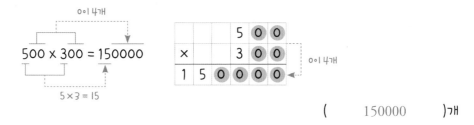

$$500 \times 300 = 150000$$

(150000)개

⭐ 전교생 5000명에게 빵과 우유를 나눠 주려고 해요. 빵 1개의 가격은 200원이고,
   우유 1개의 가격은 300원이에요. 빵과 우유를 전교생에게 나눠 주는 데 필요한 돈은
   모두 얼마일까요?

• 200+300=500(원) → 500(원) × 5000(명) = 2500000(원)

$$500 \times 5000 = 2500000$$

5 × 5 = 25

(2500000)원

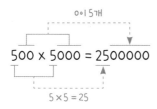

개념 잡기

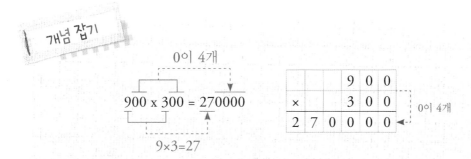

0이 4개

$$900 \times 300 = 270000$$

9×3=27

• 몇백과 몇백 또는 몇천을 곱할 때, 몇백에 있는 0의 개수와 곱하는 수
  의 0의 개수만큼 0을 붙이면 됩니다.

"한별아, 할머니랑 같이 참외 따러 가자."

"싫어요."

나는 스마트폰을 만지작거리며 대꾸했다.

"가자. 오늘 참외 장수가 올 거란다. 참외를 미리 따 둬야 돈을 받을 수 있어."

할머니는 내가 딴 참외를 내가 직접 팔게 해 주겠다고 했다.

"정말이시죠? 여기 있는 참외를 다 따도 상관없죠?"

나는 참외를 따기를 시작했다. 하지만 줄기에 붙은 참외는 생각처럼 쉽게 떨어지지 않았다. 커다란 참외 알맹이를 이리 돌리고 저리 돌려야 겨우 떨어져 나오곤 하는 것이었다. 나는 하루 종일 겨우 12개의 참외를 땄다.

그런데 그보다 더 서운한 건 참외 한 개를 따서 겨우 352원의 수익이 남는다는 것이었다. 도시에서 사 먹을 때는 엄청 비싼 참외가 시골에서 겨우 과자 한 개 값도 안 되다니. 나는 뙤약볕 아래서 하루 종일 고생하는 할아버지와 할머니가 안쓰럽게 느껴졌다.

⭐ 참외 1개를 팔면 352원의 이익이 남는다고 해요. 12개를 팔면 얼마를 벌 수 있을까요?

• 352 × 12 = 4224

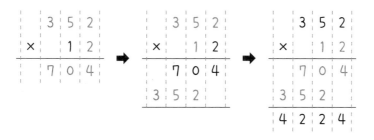

```
      3 5 2                3 5 2                3 5 2
  ×     1 2            ×     1 2            ×     1 2
      7 0 4                7 0 4                7 0 4
                          3 5 2                3 5 2
                                               4 2 2 4
```

(4224   )원

⭐ 장난감 공장에서 하루에 만들 수 있는 장난감이 437개예요. 이 공장에서 56일 동안 장난감을 만들었어요. 모두 몇 개의 장난감을 만들었을까요?

• 437 × 56 = 24472

```
      4 3 7                4 3 7                4 3 7
  ×     5 6            ×     5 6            ×     5 6
  2 6 2 2              2 6 2 2              2 6 2 2
                      2 1 8 5              2 1 8 5
                                           2 4 4 7 2
```

(24472   )개

개념 잡기

• 일의 자리의 곱과 십의 자리의 곱을 구한 후, 그 값을 더하세요.

이른 새벽부터 할아버지가 밭에 나갈 준비를 했다. 탱글탱글 잘 여문 수박을 따야 한다나.

나는 일부러 잠든 척하고 꼼짝도 하지 않았다. 그런데 할머니가 걱정스럽게 말씀하셨다.

"영감, 허리도 아픈데 그 무거운 수박을 어찌 따시려고요."

"에이, 그 정도는 괜찮아. 부지런히 일해서 우리 한별이한테 맛있는 것도 사 주고 그래야지."

할아버지의 말씀을 들으니 눈물이 왈칵 났다.

나는 하는 수 없이 이제 갓 잠에서 깬 척하고 자리에서 일어났다. 그리고 부스스한 얼굴로 할아버지를 따라 수박 밭으로 갔다. 할아버지는 모두 20개의 수박을 따셨고 수박 하나당 3193원을 받고 파셨다.

1

★ 수박 하나에 3193원씩 받고 모두 20개를 팔았어요. 수박을 팔아 얻은 값은 모두 얼마일까요?

• 3193 × 20

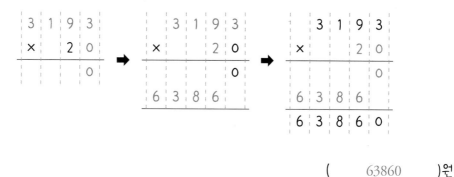

$$
\begin{array}{r}
3\ 1\ 9\ 3 \\
\times \quad\ 2\ 0 \\
\hline
0 \\
\end{array}
\quad\Rightarrow\quad
\begin{array}{r}
3\ 1\ 9\ 3 \\
\times \quad\ 2\ 0 \\
\hline
0 \\
6\ 3\ 8\ 6 \\
\hline
\end{array}
\quad\Rightarrow\quad
\begin{array}{r}
3\ 1\ 9\ 3 \\
\times \quad\ 2\ 0 \\
\hline
0 \\
6\ 3\ 8\ 6 \\
\hline
6\ 3\ 8\ 6\ 0 \\
\end{array}
$$

(63860   )원

★ 한별이는 한 달에 4200원씩 저금했어요. 한별이는 1년 동안 한 달도 빠짐없이 저금했어요. 한별이가 1년 동안 저금한 돈은 얼마일까요?

• 1년은 12개월이고

  1달에 4200원씩 저금했으므로 4200 × 12 = 50400

$$
\begin{array}{r}
4\ 2\ 0\ 0 \\
\times \quad\ 1\ 2 \\
\hline
8\ 4\ 0\ 0 \\
\end{array}
\quad\Rightarrow\quad
\begin{array}{r}
4\ 2\ 0\ 0 \\
\times \quad\ 1\ 2 \\
\hline
8\ 4\ 0\ 0 \\
4\ 2\ 0\ 0 \\
\hline
\end{array}
\quad\Rightarrow\quad
\begin{array}{r}
4\ 2\ 0\ 0 \\
\times \quad\ 1\ 2 \\
\hline
8\ 4\ 0\ 0 \\
4\ 2\ 0\ 0 \\
\hline
5\ 0\ 4\ 0\ 0 \\
\end{array}
$$

(50400   )원

아빠랑 엄마에게서 편지가 왔다. 아프리카에서 열심히 봉사활동을 하고 있다는 내용이었다. 나는 편지를 읽는 둥 마는 둥 하고 휙 던져 버렸다.

봉투 속에는 사진도 한 장 들어 있었다. 아프리카 마을 풍경이 담긴 사진이었다. 마을에는 집이 겨우 30채밖에 없었다. 거기다가 집들은 모두 낡고 허름해서 금방이라도 무너질 듯했다.

"영감, 애들이 고생하는데 우리도 좋은 일을 해야 하지 않겠어요?"

"그래, 우리 아프리카 사람들이 먹을 수 있는 컵라면을 보내 주면 어떻겠소?"

"좋은 생각이에요."

할머니랑 할아버지는 어제 하루 번 돈으로 237개의 컵라면을 샀다.

"이 컵라면을 골고루 나눠 먹어야 할 텐데."

할머니가 박스를 포장하며 말했다. 나는 속으로 '틀림없이 남을걸요?' 하고 투덜거렸다. 할아버지랑 할머니 그리고 엄마랑 아빠의 관심이 온통 아프리카 사람들에게 가 있는 듯해서 질투가 났던 것이다.

⭐ 컵라면 237개를 30가구에 나눠 주려고 해요. 한 가구에 몇 개씩 나눠 줄 수 있고, 남은 것은 몇 개일까요? 답이 나오면 검산을 해서 맞았는지 틀렸는지 확인하세요.

· $237 \div 30 = 7 \cdots 27$

$$30 \overline{)237} \Rightarrow 30 \overline{)\underset{210}{237}} \overset{7}{} \Rightarrow 30 \overline{)\underset{\underline{210}}{237}} \overset{7}{} \overset{7 \rightarrow \text{몫}}{} \underset{27 \rightarrow \text{나머지}}{}$$

$237 \div 30 = 7 \cdots 27$

(검산)
$30 \times 7 + 27 = 237$

나누는 수 몫 나머지 나누어지는 수

(몫은 7이고, 나머지는 27   )

⭐ 251개의 사탕을 모둠별로 30개씩 나눠 주려고 합니다. 몇 모둠까지 줄 수 있고, 남은 사탕은 몇 개일까요? 답이 나오면 검산을 해서 맞았는지 틀렸는지 확인하세요.

· $251 \div 30 = 8 \cdots 11$

$$30 \overline{)251} \Rightarrow 30 \overline{)\underset{240}{251}} \overset{8}{} \Rightarrow 30 \overline{)\underset{\underline{240}}{251}} \overset{8}{} \overset{8 \rightarrow \text{몫}}{} \underset{11 \rightarrow \text{나머지}}{}$$

$251 \div 30 = 8 \cdots 11$

(검산)
$30 \times 8 + 11 = 251$

나누는 수 몫 나머지 나누어지는 수

(몫은 8이고, 나머지는 11   )

개념 잡기

· 검산을 해서 나눗셈이 맞았는지 틀렸는지 꼭 확인하세요.

"에구머니!"

아침부터 할머니의 비명 소리가 들려 왔다. 마당 뒤에 있던 양계장에 닭들이 상처를 입고, 죽어 있었던 것이다. 할아버지는 가끔 나타나는 오소리 때문이라며 한숨을 쉬었다.

"오소리를 막으려면 어떡해야 해요?"

"울타리를 짓는 수밖엔 없겠지."

할아버지는 울타리를 지어야겠다며 땅에다가 박을 말뚝 13개를 들고 나갔다. 나는 할아버지를 도와드리려고 밖으로 나왔다. 양계장의 둘레는 모두 104m나 되었다. 말뚝 사이의 거리가 얼마나 돼야 일정한 간격의 울타리를 만들 수 있을지 고민이 됐다.

❷ 둘레가 104m인 양계장에 13개의 말뚝을 박으려고 합니다. 똑같은 거리를 두고 나란히 박으려고 할 때, 말뚝 사이의 거리를 몇 m로 하면 될까요?

· 104÷13=8

$$104 \div 13 = 8$$

(검산)

$$13 \times 8 = 104$$

나누는 수 몫 나눠지는 수

(8)m

❸ 감자 210개를 14개의 박스에 똑같이 담으려고 합니다. 1개의 박스에 몇 개씩 나누어 담으면 될까요?

· 210÷14=15

$$210 \div 14 = 15$$

(검산)

$$14 \times 15 = 210$$

나누는 수 몫 나눠지는 수

(15)개

나는 할아버지와 함께 뒷산에 올랐다가 자두나무를 발견했다. 그래서 시큼한 자두를 한아름 따 왔다. 그런데 할머니가 손을 저으며 말씀하셨다.

"아이구, 자두에 상처가 생겼네. 조심히 땄어야지."

자두는 상처가 생기면 쉽게 썩는다는 것이었다. 나는 고민하다가 재빨리 자두를 팔아 버리자고 했다.

"우리 마을의 장터는 3일장이란다. 3일에 한 번씩 장이 서는 거지. 그러니 장이 서려면 이틀은 더 기다려야 해."

"할머니, 인터넷에다가 자두를 팔면 돼요."

나는 인터넷 게시판에다가 산에서 직접 딴 자두를 팔겠다는 글을 올렸다. 그러자 11명이 주문을 해 왔다. 내가 딴 자두는 겨우 97개밖에 없었다. 나는 이 자두를 11명의 손님에게 똑같이 보내려면 어떻게 해야 하나 고민했다.

1

⭐ 자두가 97개 있어요. 11명의 손님에게 똑같이 나눠서 보내려면 몇 개씩 보내면 될까요? 그리고 몇 개가 남을까요?

• 97 ÷ 11 = 8 ⋯ 9

$$\begin{array}{r} 9 \\ 11{\overline{\smash{\big)}\,97}} \\ 99 \end{array}$$ 몫을 1 작게 합니다. → $$\begin{array}{r} 8 \\ 11{\overline{\smash{\big)}\,97}} \\ \underline{88} \\ 9 \end{array}$$ ← 몫을 1 크게 합니다. $$\begin{array}{r} 7 \\ 11{\overline{\smash{\big)}\,97}} \\ \underline{77} \\ 20 \end{array}$$

나머지는 나누는 수보다 → 작아야 해요.

(8개, 남은 것은 9개   )

⭐ 한별이네 학교에서 책 나눔 행사가 열렸어요. 책은 모두 72권이었어요. 23명에게 똑같이 나눠 주려고 합니다. 한 사람에게 몇 권씩 나누어 줄 수 있고, 남은 책은 몇 권일까요?

• 72 ÷ 23 = 3 ⋯ 3

$$\begin{array}{r} 4 \\ 23{\overline{\smash{\big)}\,72}} \\ 92 \end{array}$$ 몫을 1 작게 합니다. → $$\begin{array}{r} 3 \\ 23{\overline{\smash{\big)}\,72}} \\ \underline{69} \\ 3 \end{array}$$ ← 몫을 1 크게 합니다. $$\begin{array}{r} 2 \\ 23{\overline{\smash{\big)}\,72}} \\ \underline{46} \\ 26 \end{array}$$

나머지는 나누는 수보다 → 작아야 해요.

(3권, 남은 책은 3권   )

시골에 온 지 며칠 만에 내 생활은 완전히 바뀌었다. 도시에 있을 때만 해도 나는 해가 중천에 떠야 꾸물거리며 일어났다. 하지만 요즘은 새벽 여섯 시면 일어나게 됐다. 닭들이 알람시계처럼 시끄럽게 울어대는 통에 어쩔 수 없다.

또 나는 하루 종일 빈둥거리며 게임을 하고 노는 대신 할아버지랑 밭에 나가 채소를 심고, 가꾸고, 하우스에 열린 과일을 따고, 양계장에서 일을 하며 지냈다.

이 한별님이 이토록 부지런해지다니! 다른 친구들이 들으면 절대 상상도 못할 일이었다.

"할아버지, 제가 도와드릴게요!"

"어이쿠, 고맙구나."

할아버지가 양계장에서 가져온 달걀 175개를 내려놓았다. 할아버지는 이 달걀을 24개짜리 포장 종이에다가 보기 좋게 담아야 한다고 말씀하셨다. 나는 냉큼 두 팔을 걷어붙이고 달걀을 담기 시작했다.

1

⭐ 양계장의 닭들이 낳은 알이 모두 175개예요. 이것을 24개씩 들어가도록 포장하려고 해요. 몇 개를 포장할 수 있을까요? 또 남은 것은 몇 개일까요?

• $175 \div 24 = 7 \cdots 7$

$$24\overline{)175} \quad \Rightarrow \quad \begin{array}{r} 7 \\ 24\overline{)175} \\ \underline{168} \rightarrow 24 \times 7 \\ 7 \rightarrow 175 - 168 \end{array}$$

(7개, 남은 것은 7개   )

⭐ 밭에서 캔 감자의 무게가 무려 647kg이나 돼요. 한별이네 가족은 감자들을 한 상자에 25kg씩 담기로 했어요. 몇 상자나 담을 수 있을까요? 남은 것은 몇 kg일까요?

• $647 \div 25 = 25 \cdots 22$

$$25\overline{)647} \Rightarrow \begin{array}{r} 2 \\ 25\overline{)647} \\ \underline{50} \rightarrow 25 \times 2 \\ 14 \rightarrow 64-50 \end{array} \Rightarrow \begin{array}{r} 25 \\ 25\overline{)647} \\ \underline{50}\downarrow \text{그대로} \\ \text{내려 씁니다.} \\ 147 \\ 125 \end{array} \Rightarrow \begin{array}{r} 25 \\ 25\overline{)647} \\ \underline{50} \\ 147 \\ 25\times5 \leftarrow \underline{125} \\ 22 \end{array}$$

(25상자, 남은 것은 22kg   )

샤워를 하고 있는데 갑자기 물이 나오지 않았다. 나는 비누를 칠한 채로 눈을 찌푸리며 밖으로 나왔다.

"할머니, 물이 안 나와요."

"아이고, 가뭄이 계속되더니만 기어코 물이 끊겼구나."

시골은 가뭄이 심해지면 물이 끊기는 일도 자주 일어난다고 했다. 할아버지랑 할머니는 당장 닭과 젖소, 돼지들이 마실 물이 걱정이라며 발을 동동 굴렀다.

"냇가에 가서 물을 떠 오면 되죠."

나는 할아버지께 냇가로 가서 물을 길어 오자고 했다.

"농장에서는 하루에 물이 452L나 필요하단다. 우리 집에는 36L짜리 양동이밖에 없어. 이 물을 다 길어 오려면 도대체 몇 번을 왔다 갔다 해야 한다는 거야?"

할아버지는 한숨을 내쉬었다.

✿ 농장에서 사용하는 물의 양은 하루에 452L나 되지요. 이것을 36L짜리 물통에 담아 옮긴다면, 몇 번이나 옮겨야 할까요?

• 452÷36=12…20. 20L가 남으므로 12번 옮긴 후 한 번 더 옮겨야 해요.

$$
36\overline{)452} \ \Rightarrow\
\begin{array}{r} 1 \\ 36\overline{)452} \\ \underline{36} \to 36\times1 \\ 9 \to 45-36 \end{array}\
\Rightarrow\
\begin{array}{r} 12 \\ 36\overline{)452} \\ \underline{36}\downarrow \text{ 그대로 내려 씁니다.}\\ 92 \\ 72 \end{array}\
\Rightarrow\
\begin{array}{r} 12 \\ 36\overline{)452} \\ \underline{36} \\ 92 \\ \underline{72} \\ 92-72 \leftarrow 20 \end{array}
$$

(13)번

✿ 273÷39, 273÷17에서 몫의 자릿수가 몇 개인지 나눗셈을 하지 말고 알아보세요.

• 세 자리 수÷두 자리 수의 계산에서 나눠지는 수의 왼쪽 두 자리 수와 나누는 수의 크기를 비교해 보면, 몫이 한 자리 수인지, 두 자리 수인지 알 수 있어요.
39는 27보다 크므로 한 자리 수, 17은 27보다 작으므로 두 자리 수예요.

$$
\begin{array}{r} \square \\ 39\overline{)273} \end{array} \qquad\qquad
\begin{array}{r} \square\square \\ 17\overline{)273} \end{array}
$$

39 > 27   17 < 27

(273÷39는 몫이 한 자리 수, 273÷17은 몫이 두 자리 수)

앞으로 일주일 후면 개학이다. 드디어 긴 방학이 끝난 것이다. 나는 방학 숙제를 정리하다가 그동안 쓴 일기를 읽어 보았다. 하루하루 다양하고 신나는 경험들이 쓰여 있었다.

전에 같았더라면 내 일기는 "하루 종일 잤다.", "게임을 했다.", "놀았다."라는 세 마디 말로 끝났을 텐데, 몰라보게 달라진 것이다. 나는 이 일기를 엄마랑 아빠께 보여 드려야겠다고 생각했다.

그때였다. 문밖에서 자동차 소리가 나더니 새카맣게 그을린 엄마랑 아빠가 나타나셨다.

"엄마, 아빠!"

"한별아, 잘 있었어?"

엄마랑 아빠는 자원봉사를 무사히 마치고 돌아왔다며 나를 꼭 끌어안았다. 그날 저녁, 우리 식구들은 모두 거실에 모여 도란도란 이야기꽃을 피웠다. 엄마랑 아빠는 아프리카에서 있었던 얘기를 늘어놓았고, 나는 할아버지랑 할머니를 도운 일을 늘어놓았다.

"한별아, 사실 널 데리고 가고 싶었지만 말라리아 예방 접종을 안 한 아이를 데려갈 수는 없다더라고. 거긴 전염병이 몹시 유행하는 위험한 곳이거든."

엄마랑 아빠는 사실 내가 게으르고 못된 아이라서 두고 간 게 아니라고 말씀하셨다. 나는 그 말에 눈물이 핑 돌았다.

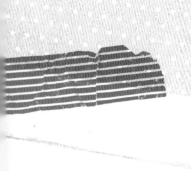

곱셈

1. 몇백, 몇천의 곱

3000×500=1500000과 같이 몇백과 몇천의 곱셈은 몇×몇을 계산한 다음,

그 곱의 결과에 곱하는 두 수의 0의 개수만큼 0을 쓴다.

2. 두 수의 곱셈

세 자리 수×두 자리 수와 네 자리 수×두 자리 수의 경우,

① 세(네) 자리 수×두 자리 수의 일의 자리 수를 계산한다.

② 세(네) 자리 수×두 자리 수의 십의 자리 수를 계산한다.

③ 두 곱셈의 계산 결과를 더한다.

나눗셈

1. 나머지가 없는 나눗셈

① ★ ÷ 몇십 = 몫

② 검산 : 몇십 × 몫 = ★

→ 나머지가 없는 나눗셈의 경우, 위와 같은 형태로 나누어 줍니다. 꼭 검산해 보세요.

2. 나머지가 있는 나눗셈

① ★ ÷ 몇십 = 몫 … 나머지

② 검산 : 몇십 × 몫 + 나머지 = ★

→ 나머지가 있는 나눗셈의 경우, 위와 같은 형태로 나누어 주고, 나머지가 몇십보다
  작은지 꼭 확인하세요. 검산은 필수입니다.

곱셈의 경우를 먼저 살펴봅시다.

첫째, 곱셈의 경우 곱하는 자릿값을 정확히 해야 합니다. 142×27의 경우, 142×7을 계산하고 142×20을 계산한 뒤 더합니다. 만약 142×7과 142×2를 계산하고 더한다면 결과는 어떨까요? 틀린 답이 나오겠지요? 수학은 정확해야 합니다. 곱셈의 차례와 원리를 반드시 이해하세요.

둘째, 곱셈의 원리를 이해했다면 다양한 문제를 많이 풀어 보세요. 곱셈 문제를 풀다 보면 자신이 잘못 알고 있는 점을 파악하게 됩니다. 그 점을 다시 한 번 살펴보세요. 머리로 이해한 것을 문제를 풀면서 자신의 것으로 만들어 보세요.

셋째, 문제를 만들어 보세요. 친구들과 가족과 함께 서로 문제를 내고 풀어 보세요. 공부와 재미를 동시에 잡을 수 있습니다.

넷째, 생활 속에서 곱셈을 활용하세요. 용돈 기입장을 쓰거나, 물건 값을 계산해 보세요. 주변에서 곱셈을 사용하는 경우가 참 많음을 느낄 수 있습니다.

다음으로 나눗셈을 살펴봅시다.

첫째, 나눗셈의 경우도 원리를 정확하게 이해해야 합니다. 학생들이 나눗셈 문제에서 많이 틀리는 부분이 자릿값을 혼동하는 것입니다. 몫을 쓰거나, 나누기를 할 때 나눗셈 과정에서 자릿값을 틀리는 경우가 많습니다.

둘째, 문제를 풀어 보면서 자신의 실력을 살펴보세요. 문제를 풀면서 자신이 잘못 이해하고 있는 부분을 찾아보세요. 공부는 꾸준히 해야 합니다.

셋째, 나눗셈 계산 과정을 부모님께 설명드려 보세요. 다른 사람에게 설명하다 보면 잘못 알고 있는 점도 파악할 수 있고, 보다 정확히 이해할 수 있어요.

넷째, 꼭 검산을 하세요. 수학은 숫자 하나 때문에 정답이 달라진답니다.

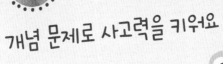

 다음 문제에 대한 식을 세우고, 답을 구하세요.

정민이의 저금통에는 500원짜리 동전 500개와 5000원짜리 지폐 50장이 있습니다. 정민이의 저금통에 든 500원짜리 동전과 5000원짜리 지폐는 모두 얼마일까요?

● 식 : _____

● 답 : _____

 어떻게 풀까요?

500원 × 500개 = 250000원, 5000원 × 50장 = 250000원,
250000원 + 250000원은 모두 500000원입니다.

01 1년은 모두 몇 시간인지 계산하세요.

● 식 : _____

● 답 : _____

02 다음의 [ ] 를 채우면서 곱셈식을 완성하세요.

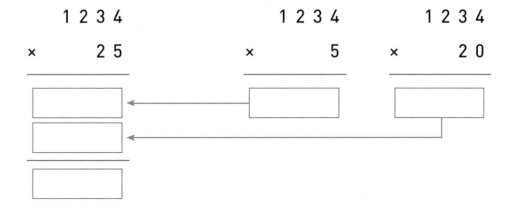

개념문제 다음의 문제를 읽고 필요한 상자의 수를 구하세요.

풀 91개를 상자에 담아 정리하려고 합니다. 한 상자에 풀을 13개씩 담으려면 몇 개의 상자가 필요할까요?

- 식 : _____
- 답 : _____ (상자)

 어떻게 풀까요?

풀 91개를 13개씩 묶어서 한 상자에 넣으려면 총 7개의 상자가 필요합니다.
식: 91 ÷ 13 = 7입니다.

01 다음의 문제를 해결하세요.

귤 804개를 한 봉지에 20개씩 담아 포장할 때,

필요한 봉지 수와 포장하고 남은 귤의 수를 구하세요.

(   )봉지

(   )개

02 다음 대화를 읽고, [ ] 를 채우세요.

엄마: 승혁아, 오늘 사 온 떡을 봉지에 나누어 담아 주겠니?

승혁: 네, 좋아요.

엄마: 떡은 총 84개야. 26개씩 봉지에 넣어 주겠니?

승혁: 네, 엄마. 떡 정말 맛있어 보여요. 저 떡 몇 개만 먹어도 돼요?

엄마: 그럼 떡을 봉지에 26개씩 넣고 남은 떡을 먹으렴.

→ 승혁이가 먹게 될 떡은 총 [ ] 개입니다.

03 다음 문제의 [ ] 를 채우면서 문제를 해결하세요.

책 123권을 책꽂이에 꽂으려고 합니다. 책꽂이 한 칸에는 13권씩 꽂을 수 있습니다. 필요한

책꽂이의 칸을 구하면 123 ÷ 13에서 몫은 [ ] 이고 나머지는 [ ] 입니다.

나머지에 해당하는 책도 책꽂이에 꽂으려면 책꽂이는 총 [ ] 칸이 필요합니다.

04 다음 문제의 [ ] 를 채우면서 문제를 해결하세요.

연필 173개를 12개씩 묶어 상자에 넣으려면 몫은 [ ] 이고 나머지는 [ ] 입니다.

01 한별이는 부모님의 도움을 받아 인터넷에서 할아버지, 할머니께서 키우신 농작물을 팔려고 합니다. 아래의 총 금액란을 채워 주세요.

순서	상품명	한 개의 가격	주문 개수	총 금액
1	참외	352원	28개	(원)
2	수박	3193원	12개	(원)
3	계란	200원	25개	(원)
4	자두	269원	51개	(원)
5	상추	365원	21묶음	(원)

02 한별이는 아래의 규칙을 참고해, 튼튼한 돌다리를 골라 밟으려고 합니다. 한별이가
출발점에서 도착점까지 안전하게 건널 수 있도록 나눗셈 식을 풀어 보세요.

규칙
1. 출발점에서 도착점까지를 선으로 이어 주세요.
2. 나눗셈이 옳게 계산된 돌다리로만 건너야 합니다.

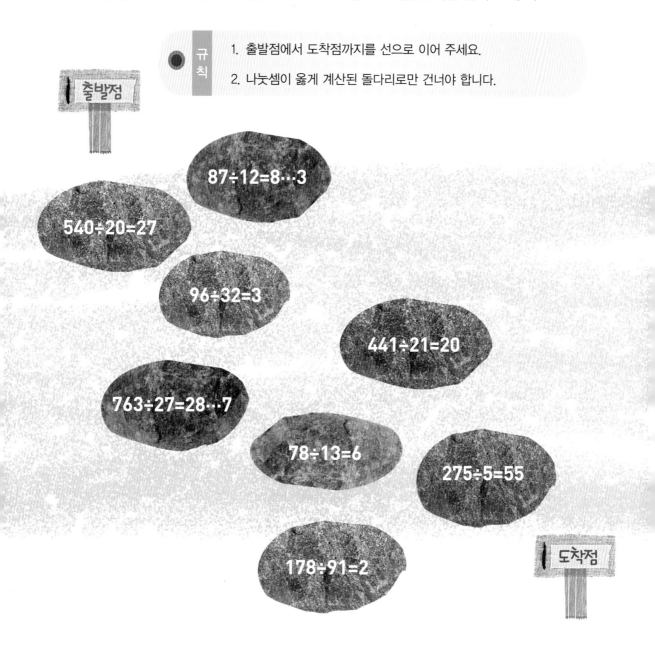

출발점

$87 \div 12 = 8 \cdots 3$

$540 \div 20 = 27$

$96 \div 32 = 3$

$441 \div 21 = 20$

$763 \div 27 = 28 \cdots 7$

$78 \div 13 = 6$

$275 \div 5 = 55$

$178 \div 91 = 2$

도착점

연산

분수의 덧셈과 뺄셈, 소수의 덧셈과 뺄셈

엄마의 눈물

준은 아주 멋진 집에 삽니다.
준의 아빠는 식료품 가게를 하
는데 돈을 아주 잘 벌지요. 준은 먹고 싶
은 건 무엇이든 먹을 수 있고, 하고 싶은 건 무엇이든 할 수 있고, 놀고 싶
으면 언제든 놀 수 있습니다. 준에게는 항상 뒤따라 다니며 챙겨 주는 엄
마가 있으니까요.

아빠도 마찬가지입니다. 아빠는 집에 들어오면 손가락 하나 까딱하지
않아도 됩니다. 늘 엄마가 모든 걸 다 챙겨 주니까요.

준은 학교에서 돌아오자마자 외칩니다.

"엄마, 간식 줘."

아빠도 일을 마치고 오자마자 외칩니다.

"여보, 빨리 밥 줘."

그러면 엄마는 내내 만들었던 음식을 식탁에 차려 놓습니다. 준은 엄마
에게 먹어 보란 얘기도 하지 않고 간식을 먹어 치웁니다. 아빠도 마찬가
지입니다. '고생했어.'라는 말 한마디 없이 밥을 먹어 치우고 소파로 가서
눕지요. 그러고는 얼마 안 가서 외칩니다.

"여보, 오랜만에 피자나 구워 먹을까?"

"엄마, 나도 피자!"

엄마가 피자 한 판을 구웠습니다. 둥글넓적한 빵에 토핑을 잔뜩 얹고, 그 위에 치즈를 뿌리고, 또 그 위에 으깬 고구마를 얹어 오븐에 넣지요. 이글이글 뜨거운 오븐 앞에서 10분을 기다리면 땡 소리와 함께 피자가 구워져 나옵니다.

"다 됐어?"

"빨리 먹고 싶어."

엄마가 식탁에 피자를 올려놓고서, 부랴부랴 설거지를 하는 사이 준과 아빠는 부엌으로 들어와 피자를 먹어 치웁니다. 엄마가 설거지를 끝내고 돌아서자, 준과 아빠는 피자를 다 먹어 치우고서 배를 통통 두들깁니다.

"수박 좀 잘라 줘, 여보."

"나도 먹고 싶어."

엄마는 한숨을 폭 내쉬다가 냉장고에서 수박을 꺼내 자르기 시작합니다. 준은 엄마의 눈치를 살피다가 아빠의 옆구리를 쿡 찌릅니다.

"아빠가 너무 많이 먹어서 그래."

"그게 왜 내 탓이야? 아빠보다 네가 더 많이 먹었잖아."

준은 피자의 $\frac{1}{5}$을 2개 먹었습니다.

'얼마나 먹었는지 그림으로 그려 볼까?'

2

☆ 준은 피자의 $\frac{1}{5}$ 을 2개 먹었어요. 준이 먹은 피자를 분수로 나타내면 얼마일까요? 그림에 색칠해 보세요.

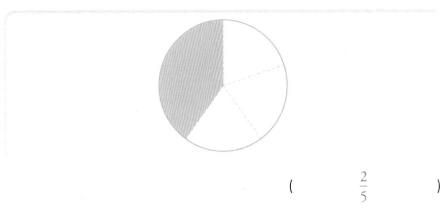

($\frac{2}{5}$)

☆ $\frac{7}{6}$ 과 $\frac{8}{6}$ 중에서 어떤 것이 더 클까요? 다음 그림에 색칠을 해서 비교해 보세요.

• $\frac{7}{6}$

| 0 | 1 | 2 |

• $\frac{8}{6}$

| 0 | 1 | 2 |

($\frac{8}{6}$ > $\frac{7}{6}$)

개념 잡기

• 분모가 같은 진분수나 가분수는 분자가 클수록 더 커요.

• 분모가 같은 대분수는 자연수가 클수록 더 커요.

"끄억, 목마르다."

"나도 목말라."

아빠는 소파에 벌렁 드러누운 채로 엄마에게 식혜를 가져다 달라고 부탁합니다. 준도 아빠 옆에 드러누워 함께 부탁을 합니다.

엄마는 물 묻은 손을 닦기 무섭게 베란다로 나가 식혜 통을 꺼냅니다. 식혜 통이 바닥을 드러내 보이고 있습니다. 엄마는 남은 식혜를 모조리 컵에 따라 붓고서 새로 식혜를 만들기 시작합니다.

엿기름 $\frac{1}{4}$이 담긴 통에다가 물 $\frac{3}{4}$을 넣고 퉁퉁 불리는 겁니다. 그리고 꼬들꼬들한 밥에다가 섞은 엿기름과 물을 붓고, 밥솥에다가 4시간 가량 두어야만 합니다. 그리고 나서 밥과 물을 커다란 솥에 붓고 팔팔 끓여 주어야만 하지요.

엄마는 식혜를 끓이다 말고 한숨을 내쉬었습니다. 어쩐지 엄마의 눈빛이 몹시 슬퍼 보입니다.

☆ 엿기름 $\frac{1}{4}$ 이 담긴 통에 물 $\frac{3}{4}$ 을 넣으면 어떻게 될까요? 그림으로 색칠해 보세요.

$$(\qquad \frac{1}{4} + \frac{3}{4} = \frac{4}{4} , \text{통이 가득 찹니다.} \qquad)$$

☆ 준은 점심때 우유 $\frac{2}{5}$ 통을 먹고, 저녁 때 우유 $\frac{1}{5}$ 통을 먹었어요. 준이 먹은 우유는 얼마나 될까요? 그림으로 색칠해 보세요.

개념 잡기

• 분모가 같은 분수의 덧셈을 할 때, 분모는 그대로 두고, 분자끼리 더하면 돼요.
• 대분수끼리 덧셈을 할 때, 분모는 그대로 두고, 자연수끼리 더하고, 분자끼리 더해요.

오늘은 일요일입니다. 준도, 아빠도 집 안에만 틀어박혀 있는 날이지요. 아빠랑 준은 잠옷 바람으로 소파에 드러누운 채 온갖 것을 부탁했습니다. 손만 뻗어도 잡을 수 있는 리모컨까지 갖다 달라고 했지요. 한나절 내내 텔레비전을 보던 준과 아빠는 엄마에게 인절미가 먹고 싶다고 졸랐습니다. 아빠는 송편을 만들어 달라고 했지요.

엄마는 방앗간을 찾아갔습니다. 엄마는 쌀을 가루 내고, 거기다 물을 부어 반죽을 했습니다. 그 반죽을 찜통에다 넣고, 20분 동안 푹 쪘다 꺼낸 다음 참기름을 발라야 합니다. 엄마는 송골송골 땀을 흘리며 반죽을 쪄서 떡을 만들었습니다. 엄마가 힘들게 만든 떡을 갖고 집으로 돌아오자, 아빠와 준은 기다렸다는 듯 달려들어 떡을 먹기 시작했습니다.

아빠는 엄마가 만든 떡을 먹고 $\frac{3}{5}$ 을 남겼고, 준은 $\frac{2}{5}$ 를 먹었습니다. 그런데 갑자기 쾅 소리가 나더니 엄마가 밖으로 나가는 게 보였습니다.

"아빠, 엄마가 어디 가는데?"

"떡을 더 만들러 가나?"

준과 아빠는 고개를 갸웃했습니다.

☆ 아빠가 떡을 먹고 $\frac{3}{5}$ 만큼 남기고 준이 $\frac{2}{5}$ 만큼 떡을 먹으면 얼마가 남을까요? 그림으로 색칠해 보세요.

• $\frac{3}{5} - \frac{2}{5} = \frac{1}{5}$

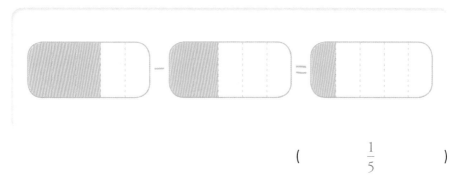

($\frac{1}{5}$)

☆ 냉장고 안에 음료수가 $\frac{13}{20}$ ℓ 남아 있어요. 여기에서 $\frac{7}{20}$ ℓ를 마시면, 남은 주스는 몇 ℓ일까요?

• $\frac{13}{20} - \frac{7}{20} = \frac{6}{20}$

($\frac{6}{20}$)ℓ

개념 잡기

• 분모가 같은 분수의 뺄셈을 할 때, 분모는 그대로 두고, 분자끼리 빼면 돼요.
• 대분수끼리 뺄셈을 할 때, 분모는 그대로 두고, 자연수끼리 빼고, 분자끼리 빼요.

밤이 되었지만 엄마는 돌아오지 않았습니다.

준은 엄마의 가방을 뒤져 보았습니다. 혹시 어디로 갔는지 알아낼 방법이 있을까 해서였지요. 엄마의 가방 속에 작은 일기장이 들어 있는 게 보였습니다. 일기장을 넘겨 보니 엄마가 힘들어 하며 쓴 글들이 보였지요. 준과 아빠는 마음이 아팠습니다.

"아빠, 어쩌면 좋죠?"

"엄마한테 선물을 해 주면 어떨까? 그럼 기분이 한결 나아질 거야."

준과 아빠는 엄마에게 어떤 선물을 해 주면 좋을지 고민했습니다. 그러다가 번뜩 생각난 것이 요리였습니다. 그동안 엄마가 만든 음식을 먹어 치우기만 했으니, 이번만큼은 직접 요리를 해 주면 어떨까 했던 것이지요.

"뭘 만들 거예요?"

"탕수육을 만들자."

아빠랑 준은 요리책을 펼쳐 들고 탕수육 만들기에 들어갔습니다. 책에는 먼저 소스를 만들라고 쓰여 있었지요. 준은 설명대로 물에 설탕을 넣었습니다. 다른 그릇에다가는 케첩에 간장을 넣고 섞어 두었지요.

"뭔가 다른 게 빠진 것 같은데……."

준은 싱크대를 뒤져 하얀 가루와 검은 가루를 찾았습니다. 설탕물에 하얀 가루 0.82g을 넣었고, 간장과 케첩에 검은 가루 0.49g을 넣었습니다.

"그래도 부족한 것 같아……."

아빠는 하얀 가루 0.95g과 검은 가루 0.78g을 더 넣었습니다. 그런 다음 물과 설탕이 든 그릇에다가 케첩과 간장을 섞어 맛을 보았습니다.

"아빠, 어때요?"

"우웩."

2

☆ 요리를 할 때 하얀 가루를 0.82g 넣고, 검은 가루를 0.49g 넣었어요. 모두 몇 g을 넣은 걸까요?

• 0.82+0.49

$$
\begin{array}{r}
0.82 \\
+\ 0.49 \\
\hline
\end{array}
\quad\Rightarrow\quad
\begin{array}{r}
0.82 \\
+\ 0.49 \\
\hline
1.31
\end{array}
\qquad 0.82+0.49=1.31
$$

(1.31   )g

☆ 접시의 무게는 0.34kg입니다. 이 접시에 0.82kg의 음식을 놓았습니다. 음식을 놓은 그릇의 무게는 몇 kg일까요?

• 0.34+0.82

$$
\begin{array}{r}
0.34 \\
+\ 0.82 \\
\hline
\end{array}
\quad\Rightarrow\quad
\begin{array}{r}
0.34 \\
+\ 0.82 \\
\hline
1.16
\end{array}
\qquad 0.34+0.82=1.16
$$

(1.16   )kg

개념 잡기

• 소수의 덧셈은 자연수의 덧셈과 같은 방법으로 계산해요.
• 계산 후 소수점을 찍는 것에 주의하면 됩니다.

아빠는 탕수육을 만드는 건 포기해야겠다며 혀를 쑥 내밀었습니다. 웬만한 건 다 맛있게 먹어 치우는 아빠였지만, 이번만큼은 먹기 어렵다고 했지요.

준도 맛을 보았습니다. 정말 참기 어려운 맛이었지요. 하지만 이대로 포기할 수는 없었습니다. 준과 아빠는 팬케이크를 구워 보기로 했습니다.

준은 요리책을 펼쳐 들고 말했습니다.

"밀가루 3.47kg에 설탕을 1.68kg 넣고 섞어 주세요……."

아빠는 시키는 대로 밀가루를 그릇에 부었습니다. 밀가루가 뽀얀 연기를 일으키며 그릇에 쌓였습니다. 그런 다음 설탕을 들이부었더니 그릇에 철철 흘러넘치고 말았습니다.

준과 아빠는 바닥에 떨어진 설탕과 밀가루를 싹싹 쓸어 담았습니다. 하지만 제대로 담긴 것인지 알 수가 없었지요.

"아빠, 전부 다 담은 거 맞아요? 양이 적어 보이는데……."

"무게를 재어 보면 알지."

아빠는 그릇의 무게를 재어 보았습니다.

2

⭐ 요리에 사용된 밀가루의 무게는 3.47kg이고, 또 다른 설탕의 무게는 1.68kg이에요. 밀가루와 설탕이 든 요리의 무게는 얼마일까요?

• 3.47 + 1.68

```
    3 . 4 7          3 . 4 7
  + 1 . 6 8    ➡  + 1 . 6 8
                    5 . 1 5      3.47 + 1.68 = 5.15
```

(5.15   )kg

⭐ 준이는 엄마와 자전거를 타고 공원에 갔다가 마트를 다녀왔어요. 집에서 공원까지의 거리는 4.93km이고, 공원에서 마트까지의 거리는 2.17km입니다. 준이가 공원을 지나 마트까지 간 거리는 모두 몇 km인가요?

• 4.93 + 2.17

```
    4 . 9 3          4 . 9 3
  + 2 . 1 7    ➡  + 2 . 1 7
                    7 . 1 0      4.93 + 2.17 = 7.10
```

(7.1   )km

개념 잡기

• 자연수가 있는 소수의 덧셈은 받아올림을 하여 더하면 됩니다.

"이대로는 안 되겠어. 요리사를 부르자."

　아빠가 당장 전화를 걸자고 말했어요. 준은 그래선 안 된다고 소리쳤지요. 요리사가 만들어 준 음식은 의미가 없을 테니까요.

　"그럼 요리사에게 요리하는 법을 가르쳐 달라고 하자. 요리는 우리가 직접 하는 거야. 어때?"

　"그거 좋은 생각이에요."

　아빠와 준은 요리사 아저씨를 불러 왔습니다. 그러고는 소고기 볶음을 만드는 방법을 가르쳐 달라고 했지요.

　요리사 아저씨는 먼저 소고기 1.2kg을 칼로 곱게 다지라고 했어요. 아빠와 준은 칼로 타닥타닥 소고기를 다지다가 군침을 꿀꺽 흘렸지요.

　"생각해 보니 우린 아무것도 못 먹었네."

　"소고기를 보니까 꼬르륵 소리가 저절로 나는 것 같아요."

　아빠는 소고기 0.8kg을 요리사 아저씨 몰래 구워서 준에게 한입 떼어 주었습니다. 그러고는 나머지 조각을 얼른 집어 삼켰지요. 몰래 먹는 소고기 맛은 꿀처럼 달았습니다. 준과 아빠는 서로 바라보며 씩 웃었습니다.

　"조금이니까 괜찮을 거야."

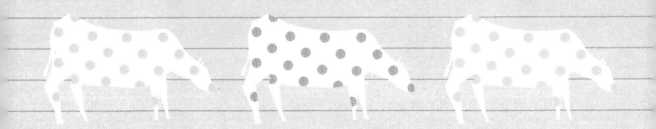

⭐ 소고기 1.2kg을 샀어요. 거기에서 0.8kg을 몰래 먹었어요. 남은 것은 몇 kg일까요?

• 1.2 - 0.8

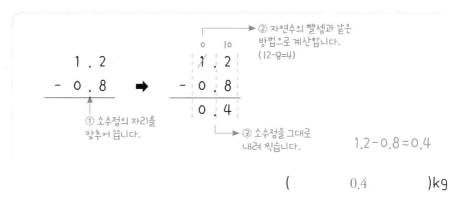

1.2 - 0.8 = 0.4

(0.4)kg

⭐ 밀가루와 설탕이 들어간 요리의 무게는 1.8kg이고, 여기에서 설탕의 무게는 0.9kg

이에요. 그렇다면 밀가루의 무게는 얼마일까요?

• 1.8 - 0.9

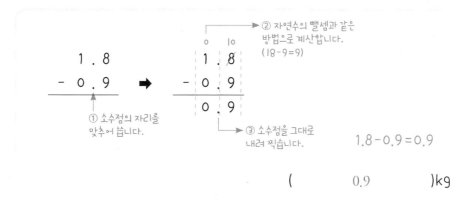

1.8 - 0.9 = 0.9

(0.9)kg

개념 잡기

• 소수의 뺄셈은 자연수의 뺄셈과 같은 방법으로 계산해요.
• 계산 후 소수점을 찍는 것에 주의하면 됩니다.

요리사 아저씨는 불판 위에 소고기를 올려놓다가 고개를 갸웃거리며 말했지요.

"이상하다, 요리를 하는 도중에 고기가 날아가 버린 것도 아닌데, 왜 이렇게 양이 줄어들었을까요?"

"글쎄요."

아빠와 준은 입을 꾹 다물었습니다. 요리사 아저씨는 양파를 1.2kg 가져오라고 했습니다. 아빠는 양파를 바구니째로 들고 왔습니다. 저울에 올려 보았더니, 딱 1.2kg이 나갔지요. 하지만 그걸 본 요리사 아저씨가 핀잔을 주었습니다.

"바구니 무게는 빼야죠. 제대로 하세요, 제대로."

바구니의 무게만 따로 재어 보니 0.35kg이 나갔습니다. 아빠는 양파를 몇 kg이나 가져왔는지 몰라서 쩔쩔 맸습니다.

✿ 양파가 들어 있는 바구니의 무게를 재어 보니 1.2kg이었어요. 바구니의 무게만 따로

재니까 0.35kg이었어요. 양파는 몇 kg일까요?

• 1.2 - 0.35

```
  1 . 2        ➡      1 . 2
- 0 . 3 5           - 0 . 3 5
                     0 . 8 5
```

1.2 - 0.35 = 0.85

(0.85   )kg

✿ 다음 재료 가운데 가장 무거운 재료와 가장 가벼운 재료의 차를 구하세요.

소고기 0.8kg   당근 0.94kg   감자 0.25kg   고구마 0.97kg

• 가장 무거운 재료 고구마 0.97kg,   가장 가벼운 재료 감자 0.25kg

  0.97 - 0.25

```
  0 . 9 7      ➡      0 . 9 7
- 0 . 2 5           - 0 . 2 5
                     0 . 7 2
```

0.97 - 0.25 = 0.72

(0.72   )kg

개념 잡기

• 소수의 뺄셈은 받아내림을 하여 빼면 됩니다.

• 소수의 자릿수가 다른 경우에는, 소수점 아래 끝자리에 0이 있다고 생

각하고 계산합니다.

디어 소고기 볶음이 완성됐습니다. 준과 아빠는 맛있는 냄새가
나는 소고기 볶음을 보고 군침을 흘렸습니다. 하지만 아무리 배
가 고파도 먹을 수가 없었지요. 이것은 엄마에게 드릴 소중한 요리니까
요.

준과 아빠는 요리를 랩으로 감싼 뒤, 포장을 해 두자고 했습니다. 안 그
러면 먹어 치우게 될지도 모르니까 말이지요.

준은 먼저 포장지의 길이를 재어 보았습니다. 포장지는 6.24m였지요.
그사이 아빠가 3.562m의 끈을 가져왔습니다.

"아빠, 끈이 더 있어야 할 것 같아."

"그래? 얼마나 있어야 해?"

준은 머리를 굴렸습니다. 그때, 찰칵 문 여는 소리가 들렸습니다. 엄마
가 돌아온 것입니다.

2

☆ 포장에 사용될 끈의 길이는 6.24m인데 현재 갖고 있는 끈은 3.562m입니다. 끈이

얼마나 부족한가요?

• 6.24 - 3.562

```
      1  1                    5  11 13  10
    6 . 2  4                 6 . 2  4
  - 3 . 5  6  2     ➡      - 3 . 5  6  2
  _____               _____
                            2 . 6  7  8     6.24-3.562=2.678
```

(2.678   )m

☆ 아빠는 아주 커다란 직사각형 피자를 만들었어요. 아빠가 만든 피자의 세로는 가로

보다 몇 m 더 길까요?

• 0.82 - 0.54

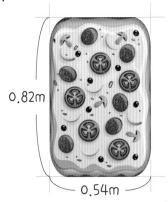

0.82m

0.54m

(0.28   )m

개념 잡기

• 소수의 뺄셈은 받아내림을 하여 빼면 됩니다.

• 소수의 자릿수가 다른 경우에는, 소수점 아래 끝자리에 0이 있다고 생
  각하고 계산합니다.

준과 아빠는 엄마를 다짜고짜 부엌으로 끌고 갔습니다. 엄마는 부엌을 보고 깜짝 놀랐습니다. 바닥은 밀가루와 설탕으로 범벅이 되어 있고, 조리대 위에는 설탕과 간장, 물이 마구 엎질러져 있어 엉망이었던 것입니다. 엄마는 참다못한 얼굴로 화를 냈습니다.

"도대체 언제까지 이럴 거예요? 난 더 이상 못 참겠어!"

"엄마…….."

"여보…….."

준과 아빠는 울상이 되어 엄마를 바라보았습니다. 엄마는 씩씩거리며 밖으로 나갔지요. 준은 엄마를 쫓아갔습니다.

바로 그때 엄마가 걸음을 멈추었습니다. 식탁 위에서 나는 고소하고 맛있는 냄새가 엄마의 발걸음을 붙잡았던 것입니다. 엄마는 식탁 쪽으로 다가왔습니다. 그곳에는 준과 아빠가 만든 요리가 놓여 있었지요.

"이걸 직접 만들었어요?"

엄마의 물음에 준과 아빠는 크게 고개를 끄덕였습니다. 순간, 엄마는 울음을 터트리고 말았습니다.

그날 이후 엄마는 혼자 요리하는 법이 없었습니다. 항상 준과 아빠가 엄마와 함께 요리를 했지요. 집안일도 혼자 하는 법이 없었습니다. 항상 준과 아빠가 함께했던 것입니다. 덕분에 엄마는 더 이상 슬픈 표정을 짓지 않았답니다.

"아빠, 우리 요리를 정말 잘하는 것 같아!"

"다음에는 가족 요리 대회에 나가 볼까?"

"엄마, 우리가 만든 이 탕수육 맛 좀 보세요."

"우웩!"

"뭘 잘못 넣은 거지?"

분수의 덧셈과 뺄셈

1. 분수의 덧셈

분모가 같은 대분수의 덧셈인 경우,

① 자연수는 자연수끼리 더한다.

② 분수는 분수끼리 더한다. (분모는 그대로 두고 분자끼리 더한다.)

③ 계산 결과 가분수이면 대분수로 나타낸다.

2. 분수의 뺄셈

분모가 같은 대분수의 뺄셈인 경우,

① 자연수는 자연수끼리 뺀다.

② 분수는 분수끼리 뺀다. (분모는 그대로 두고 분자끼리 뺀다.)

③ 대분수의 뺄셈에서 진분수 부분을 뺄 수 없을 때는 자연수 부분의 1을 가분수로 고쳐서 뺀다.

소수의 덧셈과 뺄셈

1. 소수의 덧셈

자연수가 있는 소수의 덧셈인 경우,

① 소수점의 자리를 맞추어 쓴다.

② 자연수의 덧셈과 같은 방법으로 계산한다.

③ 소수점을 그대로 내려 찍는다.

2. 소수의 뺄셈

자연수가 있는 소수의 뺄셈인 경우,

① 소수점의 자리를 맞추어 쓴다.

② 자연수의 뺄셈과 같은 방법으로 계산한다.

③ 소수점을 그대로 내려 찍는다. → 소수점 아래 자릿수가 다른 두 소수의 뺄셈을 할 때에는 끝자리 뒤에 0이 있는 것으로 생각하여 자릿수를 맞추어 뺀다.

분수의 덧셈과 뺄셈인 경우를 먼저 살펴봅시다.

첫째, 무엇보다 먼저 분수의 개념을 정확히 알고 있어야 합니다. 분수가 무엇인지 모르는 상태에서 분수의 덧셈과 뺄셈을 할 수는 없습니다.

둘째, 분모가 같은 분수인 경우에는 분모는 그대로 두고 분자끼리만 더하고 빼면 됩니다. 하지만 대분수의 뺄셈에서 진분수 부분을 뺄 수 없는 경우는 반드시 자연수 부분의 1을 가분수로 고쳐서 진분수를 빼면 됩니다. 덧셈과 뺄셈은 정확해야 합니다. 분수의 덧셈과 뺄셈의 차례와 원리를 반드시 이해하세요.

셋째, 분수의 덧셈과 뺄셈의 원리를 이해했다면 다양한 문제를 많이 풀어 보세요. 많은 문제를 풀다 보면 자신이 고쳐야 할 부분을 알 수 있고 더불어 원리도 완벽하게 이해할 수 있습니다.

넷째, 문제를 만들어 보세요. 친구들과 문제를 만들어 서로 풀다 보면 수학에 흥미를 느낄 수 있을 것입니다.

다음으로 소수의 덧셈과 뺄셈인 경우를 살펴봅시다.

첫째, 무엇보다 먼저 소수의 개념을 정확히 알고 있어야 합니다. 소수점의 의미도 중요합니다.

둘째, 소수의 덧셈과 뺄셈은 자연수의 덧셈과 뺄셈과 똑같습니다. 소수점이 있고 없고의 차이만 있을 뿐입니다. 다만, 덧셈과 뺄셈 계산을 한 후, 소수점을 어디에 찍어야 할지 반드시 생각해야 합니다.

셋째, 많은 문제를 풀어 보면서 자신의 실력을 살펴보세요. 많은 문제를 풀다 보면 자신이 고쳐야 할 부분을 알 수 있고 더불어 원리도 완벽하게 이해할 수 있습니다.

넷째, 문제를 푸는 방법을 친구나 가족들에게 설명해 보세요. 문제는 풀 수 있지만 설명하지 못한다면 아직 소수의 덧셈과 뺄셈을 정확히 알고 있는 것이 아닙니다.

다섯째, 실생활에서 소수의 덧셈과 뺄셈을 활용하는 경우를 찾아보세요. 정육점에서 고기의 무게를 더하는 경우, 연필의 길이를 비교하는 경우 등 다양한 경우를 찾다 보면 수학의 필요성을 느낄 수 있을 것입니다.

 개념문제 다음 분수만큼 색칠하고 분수의 크기를 비교해 보세요.

$\frac{6}{5}$ m

$\frac{8}{5}$ m

$\frac{6}{5}$ ◯ $\frac{8}{5}$

$2\frac{1}{4}$ 조각

$1\frac{3}{4}$ 조각

$2\frac{1}{4}$ ◯ $1\frac{3}{4}$

 어떻게 풀까요?

분모가 같은 가분수는 분자가 클수록 큽니다.

$\frac{6}{5}$

$\frac{8}{5}$

$\frac{6}{5}$ ⓛ $\frac{8}{5}$

분모가 같은 대분수는 자연수가 클수록 큽니다.

$2\frac{1}{4}$

$1\frac{3}{4}$

$2\frac{1}{4}$ ⑴ $1\frac{3}{4}$

01 다음 분수를 더하여 보세요.

$\frac{6}{5} + \frac{8}{5} =$

$2\frac{1}{8} + 1\frac{3}{8} =$

02 다음 분수를 빼 보세요.

$\frac{4}{5} - \frac{1}{5} =$

$2\frac{3}{8} - 1\frac{1}{8} =$

개념문제 소수 두 자리수의 덧셈을 해 보세요.

$$0.34 + 0.62 =$$

어떻게 풀까요?

```
  0 . 3 4        0 . 3 4
+ 0 . 6 2   →  + 0 . 6 2       0.34 + 0.62 = 0.96
  ‾‾‾‾‾          0 . 9 6
```

소수의 덧셈은 자연수의 덧셈과 똑같이 하면 됩니다. 하지만 소수점을 반드시 맞추어 덧셈을 해야 합니다. 그리고 마지막 정답에 소수점을 알맞게 찍어야 합니다.

01 자연수가 있는 소수의 덧셈을 해 보세요.

$$2.73 + 1.64 =$$

02 소수 한 자리수의 뺄셈을 해 보세요.

$$1.2 - 0.6 =$$

03 소수 두 자리수의 뺄셈을 해 보세요.

$$0.84 - 0.57 =$$

04 자연수가 있는 소수의 뺄셈을 해 보세요.

$$9.72 - 6.86 =$$

01 준은 엄마에게 사과 편지를 쓰려고 합니다. 아래의 칸에 숫자가 큰 순서대로 글자를 채워 담으세요.

$\dfrac{3}{8} + \dfrac{1}{8} =$ 요

$1\dfrac{2}{8} + \dfrac{1}{8} =$ 랑

$3\dfrac{1}{8} - 1\dfrac{5}{8} =$ 사

$4\dfrac{1}{8} + 1\dfrac{6}{8} =$ 엄

$\dfrac{7}{8} - \dfrac{2}{8} =$ 해

$6\dfrac{3}{8} - \dfrac{7}{8} =$ 마

사랑하는 엄마께

엄마! 그동안 아빠와 저 때문에 많이 힘드셨죠? 정말 죄송해요.
앞으로 아빠와 제가 엄마 일 도와드릴게요.

☐ ☐ ☐ ☐ ☐ ☐ .

아들 준 올림

02 아빠와 준은 엄마가 좋아하시는 탕수육을 만들려고 합니다. 탕수육을 만들려면 많은 재료가 필요합니다. 소수의 덧셈과 뺄셈이 바르게 계산된 재료에 ○ 하세요.

돼지고기

0.67 + 0.29 = 0.96

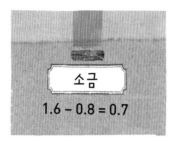

소금

1.6 – 0.8 = 0.7

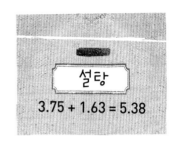

설탕

3.75 + 1.63 = 5.38

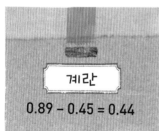

계란

0.89 – 0.45 = 0.44

마요네즈

0.78 + 0.18 = 0.76

식초

5.34 – 3.29 = 2.05

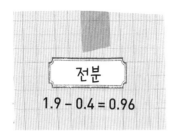

전분

1.9 – 0.4 = 0.96

빵가루

2.56 + 4.79 = 7.35

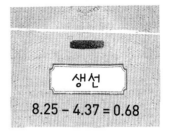

생선

8.25 – 4.37 = 0.68

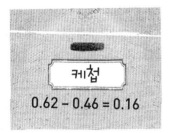

케첩

0.62 – 0.46 = 0.16

3 연산

혼합 계산

계산하는 강아지

1 덧셈과 뺄셈이 섞여 있는 계산은 어떻게 할까요?

2 덧셈과 뺄셈이 섞여 있고, ( )가 있는 계산은 어떻게 할까요?

3 곱셈과 나눗셈이 섞여 있는 계산은 어떻게 할까요?

4 곱셈과 나눗셈이 섞여 있고, ( )가 있는 계산은 어떻게 할까요?

5 덧셈, 뺄셈, 곱셈이 섞여 있는 계산은 어떻게 할까요?

6 덧셈, 뺄셈, 나눗셈이 섞여 있는 계산은 어떻게 할까요?

7 덧셈, 뺄셈, 곱셈, 나눗셈이 섞여 있는 계산은 어떻게 할까요?

8 덧셈, 뺄셈, 곱셈, 나눗셈이 섞여 있고, ( )과 { }가 있는 계산은 어떻게 할까요?

어떤 마을에 게으른 형과 부지런한 동생이 살았어.

형은 무얼 시켜도 빈둥거리기만 했지. 반대로 동생은 무슨 일을 시키든 총알처럼 잽싸게 일을 마쳤어. 하지만 형은 아주 똑똑했고, 동생은 지혜가 좀 부족했지.

아버지는 두 형제가 서로 돕고 살아가길 바랐지만 형이랑 동생은 서로 보기만 하면 싸우는 사이였어. 아버지는 두 형제가 친해질 방법이 없을까 고민했지.

그러던 어느 날, 아버지가 형과 아우에게 밭에다 모종을 심고 오라고 말씀하셨어. 아버지는 형에게는 상추 모종을 줬고, 동생에게는 고추 모종을 줬지.

형은 원두막에 누워서 드르렁드르렁 낮잠을 잤어. 그 사이 동생은 아버지가 주신 모종을 부지런히 심었지. 아우는 어느새 45개나 되는 모종을 심었단다. 잠에서 깬 형은 아버지가 꾸짖을까 봐 겁이 났지.

"에잇!"

그래서 동생이 심어 놓은 모종 28개를 뽑아 버리고는 그 옆에다 제 것 9개를 심어 놓았어. 때마침 아버지가 밭으로 와서 물었지.

"모종을 모두 몇 개나 심었느냐?"

"그게……."

동생은 형이 모종을 짓밟았다고 얘기하려고 했어. 그랬더니 형이 잽싸게 나서서는 밭에 심어 둔 모종의 모든 개수를 대답해 버렸지. 계산이 느린 동생은 억울했지만 아무 말도 할 수가 없었어.

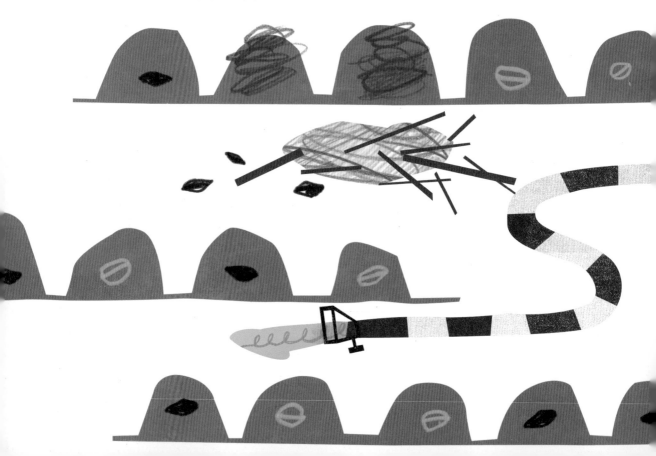

⭐ 동생은 45개의 모종을 심었습니다. 형은 동생이 심어 놓은 모종에서 28개를 뽑아 버리고는 그 옆에다가 9개를 새로 심었습니다. 현재 심어 둔 모종은 모두 몇 개인가요? 식을 쓰고 답을 구해 보세요.

● 식 : $45 - 28 + 9 = 26$

● 답 : (26)개

⭐ 민지가 읽어야 할 책은 132쪽입니다. 민지는 모레까지 이 책을 다 읽어야 합니다. 오늘은 45쪽을 읽었고, 내일은 30쪽을 읽으려고 합니다. 그러면 모레에는 몇 쪽을 읽어야 할까요? 식을 쓰고 답을 구해보세요.

• 전체 쪽수-오늘까지 읽은 쪽수-내일 읽을 쪽수=남은 쪽수

● 식 : $132 - 45 - 30 = 57$

● 답 : (57)쪽

개념 잡기

• 덧셈과 뺄셈이 여러 번 섞여 있는 식이라도 앞에서부터 차례로 계산하면 됩니다.

어느 날, 아버지가 형과 동생에게 말씀하셨어.

"이 애비를 도와 농사짓느라 힘들지? 가끔 세상 구경도 해야 하지 않겠니? 돈을 줄 터이니 시장에 가서 너희에게 필요한 것을 사 오거라."

아버지는 형에게 370원을 주고, 동생에게 350원을 줬어. 형과 동생은 그 길로 시장을 향해 갔지. 그런데 시장 입구에 이르자 개장수가 강아지 한 마리를 목줄에 걸고 괴롭히고 있는 게 아니겠니? 그 모습을 본 사람들은 도와줄 생각은 않고, 깔깔깔 웃음만 터트렸지. 형도 강아지가 불쌍한지 눈살을 찌푸렸어. 참다못한 동생이 앞장서서 개장수에게 물었어.

"이보시오, 그 가엾은 강아지를 그렇게 괴롭히면 어쩌오?"

"무슨 상관이오? 이 강아지는 내 것이오."

"값이 얼마요?"

"1100원이라오."

개장수는 강아지를 살 생각이 아니라면 간섭하지 말라고 했어. 동생은 울상을 지었지. 형과 자기가 가진 돈을 합쳐도 값이 턱없이 모자란 거야.

● 형은 370원을 갖고 있고, 동생은 350원을 갖고 있습니다. 강아지의 가격은 1100원입니다.

☆ 형의 돈과 동생의 돈을 합하면 얼마입니까?

· 370＋350＝720

(720   )원

☆ 강아지 가격은 형의 돈과 동생의 돈을 합한 것보다 비싼가요, 싼가요?

· 강아지는 1100원, 형의 돈＋동생의 돈은 720원이므로 강아지가 더 비쌉니다.

(비쌉니다   )

☆ 강아지 가격은 형의 돈과 동생의 돈을 합한 가격과 얼마나 차이가 날까요? 식으로 쓴 후 답을 구해 보세요.

● 식 : $1100-(370+350)=380$

● 답 : (380   )원

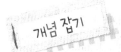

· 덧셈과 뺄셈이 섞여 있는 식에서 ( )가 있는 계산은 ( ) 안을 가장 먼저 계산합니다.

ㄱ 때 시장 상인들이 동생에게 말했어.

"우리를 도와준다면 개를 사는 데 모자란 돈을 내어 드리리다."

"좋아요!"

동생은 시장에서 허드렛일을 도와주고 부족한 돈을 구하기로 했어. 형이 쓸데없는 짓이라며 투덜거렸지만 동생은 고집을 꺾지 않았어. 동생은 먼저 과일 가게에서 일을 돕기로 했지.

"여기 이 상자에 든 사과를 저기 있는 상자에다 옮겨 담으시오."

과일 가게 주인은 사과가 60개씩 든 상자 5개를 가리키더니, 저쪽에 놓인 상자 4개에다가 옮겨 담으라고 했어. 동생은 도대체 한 상자에 몇 개씩 과일을 옮겨 담아야 하는지 알 수가 없었지. 그때 옆에서 빈둥대던 형이 나서서 계산을 해 주었어.

☆ 한 상자에 사과가 60개씩 담긴 상자가 5개 있습니다. 모든 사과를 다시 4개의 상자에 나누어 담아야 합니다. 한 상자에 몇 개씩의 사과를 담아야 할까요? 식을 쓰고, 답을 구하세요.

● 식 :　　　　$60 \times 5 \div 4 = 75$

● 답 :　　　　(　75　)개

☆ 달걀이 10개씩 5묶음이 있습니다. 이 달걀을 2명에게 똑같이 나누어 주려면, 1명에게 달걀을 몇 개씩 주면 될까요? 식을 쓰고, 답을 구하세요.

● 식 :　　　　$10 \times 5 \div 2 = 25$

● 답 :　　　　(　25　)개

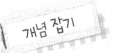
개념 잡기

• 곱셈과 나눗셈이 여러 번 섞여 있는 식이라도 앞에서부터 차례로 계산하면 됩니다.

다음으로 간 곳은 생선 가게였어. 생선 가게 주인은 동생에게 84개의 생선 상자를 창고로 나르는 일을 도우라고 했어.

그곳에는 동생 말고도 일꾼이 3명이나 더 있었지. 생선 상자를 단숨에 옮겨 버릴 수 있으면 좋겠지만, 상자는 무거워서 한 번에 3개 이상을 나를 수가 없었어.

동생은 속으로 4명이 함께 몇 번씩이나 옮겨야 84개나 되는 상자를 다 나를 수 있을까 하고 고민했지. 그랬더니 옆에서 빈둥대던 형이 나서서 대답을 해 주지 뭐야.

☆ 생선 상자가 84개 있습니다. 생선 상자를 나를 사람은 4명입니다. 1명이 한 번에 생선 상자를 3개씩 나를 수 있습니다. 몇 번 나르면 다 나를 수 있을까요? 식을 쓰고, 답을 구하세요.

• 1명이 한 번에 3개씩 나르므로, 4명이면 한 번에 12개씩 나를 수 있습니다.
  상자는 84개이므로 84÷12를 하면 됩니다.

● 식 :　　　　　$84 \div (4 \times 3)$

● 답 :　　　(　7　)번

☆ 무인도에 3명이 살아남아서 도착했어요. 무인도에는 먹을 거라곤 없었고, 간신히 작은 열매 45개만 땄어요. 1명이 하루에 열매 3개씩을 먹으려고 해요. 며칠이면 이 열매를 다 먹게 될까요? 식을 쓰고, 답을 구하세요.

• 3명이므로 하루에 열매를 9개씩 먹게 됩니다. 열매가 모두 45개 있으므로 45÷9를 하면 됩니다.

● 식 :　　　　　$45 \div (3 \times 3)$

● 답 :　　　(　5　)일

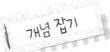

개념 잡기

• 곱셈과 나눗셈이 섞여 있고, ( )가 있는 계산은 ( ) 안을 가장 먼저 계산합니다.

이번에 간 곳은 비단 가게였어. 비단 장수는 진열대 위에다가 비단을 차곡차곡 올려놓으라고 했지.

진열대에는 60필의 비단을 올려놓을 수 있었어. 동생은 우선 진열대에 비단을 5필씩 6줄로 차곡차곡 올려놓았단다. 그런데 손님이 오더니 비단 18필을 달라지 뭐야. 동생은 얼른 손님에게 비단을 내어 주었지. 그리고 다시 일을 하려는데 비단 장수가 오더니 진열대에 비단을 가득 올려놓으라며 몇 필이 더 필요한지 묻네.

"그러니까, 그게……."

동생은 우물쭈물했지. 그랬더니 옆에서 쫀득쫀득한 떡을 집어 먹으며 놀던 형이 대답했어.

★ 비단 가게의 진열대에는 60필의 비단을 올려놓을 수 있습니다. 동생은 비단을 5필씩 6줄로 쌓아 놓았습니다. 손님이 18필을 사 갔습니다. 진열대에는 몇 필의 비단을 더 올려놓을 수 있나요? 식을 쓰고 답을 구해 보세요.

- 5필씩 6줄로 비단이 진열돼 있으므로 5×6=30필.
  이 중에서 18필이 팔렸으므로 남은 비단의 수는 30-18=12필
  전체 60필을 진열할 수 있으므로, 60-12=48필

● 식 : $60-(5 \times 6-18)=48$

● 답 :   (48   )필

★ 한별이 아빠는 375km 떨어진 곳까지 가야만 합니다. 한 시간에 70km씩 3시간을 달렸다면, 목적지까지 얼마를 더 가야 할까요? 식을 쓰고 답을 구해 보세요.

- 한 시간에 70km씩 3시간을 달렸으므로 70×3=210km
  목적지까지 375km이므로, 남은 거리는 375km-210km=165km

● 식 : $375-70 \times 3=375-210=165$

● 답 :   (165   )km

개념 잡기

- 덧셈, 뺄셈, 곱셈이 섞여 있는 식에서는 곱셈을 먼저 계산해야 해요.
  ( )가 있는 식에서는 ( ) 안부터 먼저 계산합니다.

동생이 허드렛일을 거들어 주는 동안, 형은 휘적휘적 장터 구경을 했어. 그런데 한쪽에서 싸움이 벌어졌지 뭐야. 곡물 가게에 콩과 귀리, 잡곡을 사러 온 손님들이 배달을 해 달라고 우기고 있었어.

"배달꾼이 한 사람밖에 없으니 가장 무거운 걸 산 손님의 집으로 배달을 가겠습니다. 이해해 주십시오."

그러자 한 손님이 자기는 10g짜리 콩이랑 1000g짜리 귀리를 절반 샀으니 자기가 더 무겁다고 우겼어. 다른 손님은 700g짜리 잡곡을 샀으니 자기가 더 무겁다고 우겼지. 콩이랑 귀리를 산 손님은 막무가내였어.

"2개를 산 내가 더 무겁지!"

자기가 산 것이 더 무거우니 무조건 자기 것을 배달해 달라는 거야.

잡곡 가게 주인은 땀을 뻘뻘 흘리며 말했어.

그 모습을 본 형이 불쑥 끼어들어 말했지.

"잡곡 1봉지의 무게는 콩 1봉지와 귀리 1000g짜리 절반을 합한 무게보다 이만큼이 더 무겁소."

⭐ 콩 1봉지의 무게는 10g이고, 귀리 1봉지의 무게는 1000g입니다. 귀리 1봉지의 절반은 500g입니다. 그리고 잡곡 1봉지의 무게는 700g입니다. 잡곡 1봉지의 무게는 콩 1봉지와 귀리 1봉지의 절반을 합한 무게보다 얼마나 더 무겁나요? 식을 쓰고, 답을 구해 보세요.

• 귀리 1봉지의 무게는 1000g이므로 귀리 1봉지의 절반 무게는 500g,
 콩 1봉지의 무게＋귀리 1봉지의 절반 무게＝10＋1000÷2＝510g
 잡곡 1봉지 700g－(콩 1봉지의 무게＋귀리 1봉지의 절반의 무게)＝190g
 700－(10＋1000÷2)＝190

● 식 : $700-(10+1000÷2)=190$

● 답 : (190)g

⭐ 민준이는 학교에서 농장으로 견학을 갔습니다. 민준이는 3반 친구 3명과 함께 사과 12개를 따서 똑같이 나눠 먹었습니다. 또 민준이는 4반 친구 5명과 함께 복숭아 15개를 따서 똑같이 나눠 먹었습니다. 민준이는 사과와 복숭아를 모두 몇 개나 먹었을까요? 식을 쓰고, 답을 구해 보세요.

• 민준이가 먹은 사과의 개수 12÷3＝4개
 민준이가 먹은 복숭아의 개수 15÷5＝3개
 민준이가 먹은 과일의 개수 4＋3＝7개

● 식 : $12÷3+15÷5=4+3=7$

● 답 : (7)개

 개념 잡기

• 덧셈, 뺄셈, 나눗셈이 섞여 있는 식에서는 나눗셈을 먼저 계산해야 해요. ( )가 있는 식에서는 ( ) 안부터 먼저 계산 합니다.

마침내 형과 동생은 강아지를 살 수 있게 됐어. 하지만 가진 돈을 탈탈 털었더니 집으로 돌아갈 차비가 없지 뭐야. 형제의 집은 시장에서 무려 17km나 떨어져 있는 곳이었거든.

형제는 어떡하나 고민하다가 시장 변두리에 버려진 자전거 한 대를 발견했어. 형제는 자전거를 타고 1분에 500m씩 8분을 달렸지. 자전거가 고장나 어쩔 수 없이 거기서부터는 10분을 더 걸어서 1km 떨어진 버스 정류장에 도착했어.

"더는 못 가겠어."

"나도 다리가 아파."

형과 동생은 울상을 지었어. 옆에 있던 강아지가 미안한 듯 낑낑댔지. 그때였어. 버스가 형제 앞에 멈추어 섰어. 동생은 버스 기사님께 집 앞 정류장까지 태워 달라고 사정했지. 그랬더니 버스 기사님이 이렇게 물었어.

"내가 너희를 태우고 몇 km나 가야 하는 거지?"

동생은 머리가 복잡했지. 그런데 형이 냉큼 답을 말하는 거야.

● 시장에서 집까지는 17km만큼 떨어져 있습니다. 형제는 자전거를 타고 8분을 간 후, 10분 동안 1km를 걸은 뒤에 버스 정류장에 도착했습니다. 버스 정류장에서 집까지의 거리는 얼마나 됩니까? (형제는 자전거를 타고 1분 동안에 500m를 갈 수 있고, 같은 속도로 이동합니다.)

⭐ 형제가 집까지 가야 할 거리는 모두 얼마인가요?

(17km 또는 17000m   )

⭐ 형제가 자전거를 타고 이동한 거리는 얼마인가요?
· 8(분) × 500(m)

(4km 또는 4000m   )

⭐ 형제가 걸어서 이동한 거리는 얼마인가요?

(1km 또는 1000m   )

⭐ 형제가 자전거로 이동한 거리와 걸어서 이동한 거리는 모두 얼마인가요?
· 4000+1000

(5km 또는 5000m   )

⭐ 형제가 버스로 이동해야 할 거리는 얼마인가요? 식으로 나타내고, 답을 구해 보세요.

● 식 : $17000 - (500 \times 8 + 1000)$

● 답 : (12000   )m 또는 (12   )km

개념 잡기

• 덧셈, 뺄셈, 곱셈, 나눗셈이 섞여 있는 계산은 곱셈과 나눗셈을 먼저 계산합니다. 단, ( )가 있을 때에는 ( ) 안을 먼저 계산합니다.

집 앞에 도착한 형과 동생은 허겁지겁 집 안으로 뛰어 들어갔어. 그런데 집에 먹을 거라곤 고구마 40개가 전부였지.

"이거라도 먹어야겠다."

형이 입을 벌리고 고구마를 베어 먹으려는데 아버지가 뛰어 들어왔어.

"안 된다. 그건 이웃 사람들에게 나눠 주기로 약속한 거야."

형제의 집 옆에는 이웃집이 모두 5채가 있었어. 5채의 이웃집에는 각각 아주머니와 남편 그리고 딸과 아들이 살고 있었지. 형은 자기가 고구마를 공평하게 나눠 주겠다며 먼저 한 개를 먹었어. 그러고는 남은 고구마를 이웃 한 사람당 한 개씩 나눠 줬어.

"형, 고구마가 남을까?"

배가 고픈 동생이 남은 고구마가 있냐고 물었어. 그랬더니 형은 남은 개수를 맞추면 고구마를 주겠다며 약을 올렸지. 동생은 머리를 움켜쥐고서 계산하기 시작했어. 그런데 바로 그때 강아지가 멍멍멍 하고 19번을 우는 거야. 동생은 고민하다가 19라고 대답했지. 형은 두 눈이 휘둥그레졌어.

● 고구마가 40개 있습니다. 남자 2명과 여자 2명으로 이루어진 이웃집이 모두 5채가 있습니다. 각 사람당 고구마를 1개씩 모두 5채에 주고, 1개는 형이 먹었습니다. 남은 고구마는 모두 몇 개인가요?

☆ 1가구에 있는 사람의 수는 몇 명일까요?

　• 2(남자)+2(여자)

(　4　)명

☆ 5가구에 있는 사람의 수는 모두 몇 명일까요?

　• 4×5

(　20　)명

☆ 사람들에게 나눠 준 고구마는 모두 몇 개일까요?

　• 각 1개씩이므로 20×1

(　20　)개

☆ 형은 고구마를 몇 개 먹었나요?

(　1　)개

☆ 마을 사람들과 형이 먹은 고구마는 모두 몇 개일까요?

　• 20+1

(　21　)개

☆ 남은 고구마는 모두 몇 개일까요? 식으로 쓰고, 답을 구해 보세요.

● 식 : $40-\{(2+2)\times5+1\}$

● 답 : (　19　)개

개념 잡기

• 덧셈, 뺄셈, 곱셈, 나눗셈이 섞여 있고, ( )과 { }가 있는 계산은 ( )를 가장 먼저 계산하고, { }를 계산해요. 그다음은 지금까지 배운 순서대로 계산해요.

   "23+12는 뭐야?"

세상에나, 강아지가 정확히 35번을 짖네. 강아지는 아무리 어려운 셈을 불러 줘도 척척 계산해 냈어. 이 강아지는 예사로운 강아지가 아니었던 거야. 이튿날, 형과 동생은 강아지를 데리고 시장으로 갔어.

"자, 계산하는 신기한 강아집니다. 강아지 구경하세요."

형이 암산 문제를 내면 강아지가 계산을 해서 왈왈 짖었어. 동생은 강아지에게 맛있는 먹이를 주며 칭찬을 해 줬지. 그 모습을 본 사람들은 신기하다며 박수를 쳤어.

어떤 사람은 재미있는 구경을 했으니 고맙다며 돈을 주고 가기도 했어. 그날부터, 형과 동생은 강아지를 살 때 들인 돈보다 더 큰돈을 벌게 됐어. 형과 동생은 장터에서 먹고 싶은 것도 실컷 먹고, 사고 싶은 것도 실컷 샀지.

"형, 고마워. 이게 다 형 덕분이야."

"아냐, 네 덕분이야."

형이랑 동생은 어느새 사이좋은 형제가 되어 집으로 돌아갔어. 강아지가 그 뒤를 쫄레쫄레 따랐지.

1. 덧셈과 뺄셈이 섞여 있는 계산

   → 앞에서부터 차례대로 계산한다.

   $$\blacklozenge - \bigstar + \spadesuit = \square$$

2. 곱셈과 나눗셈이 섞여 있는 계산

   → 앞에서부터 차례대로 계산한다.

   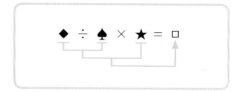

   $$\blacklozenge \div \spadesuit \times \bigstar = \square$$

3. 덧셈과 뺄셈, 곱셈과 나눗셈이 섞여 있는 계산

   → 곱셈과 나눗셈을 먼저 계산한다.

   $$\bigstar - \blacklozenge \times \spadesuit = \square$$

4. ( )가 있는 계산

   → ( ) 안을 먼저 계산한다.

   $$\bigstar \times (\blacklozenge + \spadesuit) = \square$$

5. ( )와 { }가 함께 있는 계산

   → ( ) 안을 먼저 계산한 후, { } 안을 나중에 계산한다.

   $$\bigstar + \{ (\spadesuit + \blacksquare) \times \blacklozenge \} = \square$$

6. 덧셈, 뺄셈, 곱셈, 나눗셈이 섞여 있고, ( )과 { }가 있는 계산

   → 위의 내용을 참고해 아래에서와 같이 계산하면 된다.

   $$2 \times 5 + 30 \div \{ 13 - (2 + 6) \} \times 7 = 52$$

혼합 계산은 우리가 1학년 때부터 4학년 때까지 배운 자연수의 덧셈, 뺄셈, 곱셈, 나눗셈을 총정리하는 내용이라고 할 수 있어요. 혼합 계산만 완벽하게 익혀 놓으면 그 어떤 덧셈, 뺄셈, 곱셈, 나눗셈이라도 쉽게 할 수 있으니 조금 어려워도 차근차근 연습하면 큰 도움이 될 거예요.

혼합 계산에 등장하는 기호는 총 6가지 종류가 있다고 볼 수 있지요.

$$+, -, \times, \div, (\ ), \{\ \}$$

이렇게 6개의 기호를 볼 수 있어요.

다음 6가지 기호의 계산 순서만 잘 알아 놓는다면 계산을 쉽게 할 수 있답니다. 무엇보다 가장 먼저 해야 할 계산은 괄호 안의 계산이에요. 괄호에는 두 가지 종류가 있지요. ( ) 이러한 괄호 안의 식을 먼저 계산한 다음, { } 이러한 모양의 괄호 안의 식을 계산하면 된답니다. 그 후에는 우리 친구들이 알다시피 ×, ÷를 먼저 계산하고 +, − 를 나중에 계산해 주면 돼요. ×, ÷ 중에서는 앞에 있는 것을 먼저 계산해 주면 된답니다. +, − 도 앞에 있는 것을 먼저 계산해 주면 돼요. 괄호 안의 식을 계산해 줄 때도 ×, ÷를 먼저, +, − 를 나중에 계산해 주세요.

그렇다면 조금 복잡한 다음의 식을 연습해 볼까요?

$$\underset{㉠\ \ ㉡\ \ \ \ ㉢\ \ \ \ \ ㉣\ \ ㉤}{\{ 70 + 7 \times (13 - 3) \} - 2 \times 7}$$

㉠, ㉡, ㉢, ㉣, ㉤ 중에 가장 먼저 계산할 것은 무엇일까요? 바로 ( ) 안의 식인 ㉢이지요. 그러고 나서는 { } 안의 식을 계산해야 하는데 +보다는 ×를 먼저 계산해야 하므로 ㉡을 먼저 계산해 줍니다. 그 후에 ㉠을 계산하면 { } 안의 계산을 마치게 되지요. ㉣과 ㉤ 중에서는 곱셈인 ㉤을 먼저 계산하고 마지막으로 ㉣을 계산해 주면 되지요. 따라서 계산 순서는 ㉢, ㉡, ㉠, ㉤, ㉣이랍니다.

 개념문제 다음의 이야기를 식으로 나타내고, 답을 구하세요.

선생님께서 성재에게 비타민 25개를 주셨습니다. 성재는 비타민을 들고 집에 가다가 지한이에게 17개를 주었습니다. 이를 보신 지한이 어머니는 성재에게 비타민 15개를 주셨습니다. 성재가 가지고 있는 비타민은 총 몇 개인가요?

(   )

 어떻게 풀까요?

성재가 처음에 가지고 있던 비타민 25개에서 17개를 덜어내고, 여기에 15개를 더하면 됩니다.
즉, 25-17+15=23, 총 23개를 가지고 있습니다.

---

01 다음의 ☐ 를 채우면서 식을 완성하세요.

$$78 - (16 + 12) = \boxed{}$$

① ☐

② ☐

02 다음 문제를 식을 세워 해결하세요.

> 한 판에 30개씩 들어 있는 계란 6판을 사서 9집이 골고루 나눠 가졌습니다. 한 집에서 가져가는 계란은 총 몇 개인가요?

● 식 : _____

● 답 : _____

03 다음의 ☐ 를 채우면서 식을 완성하세요.

$$28 - (28 \div 14) = \boxed{}$$

① ☐

② ☐

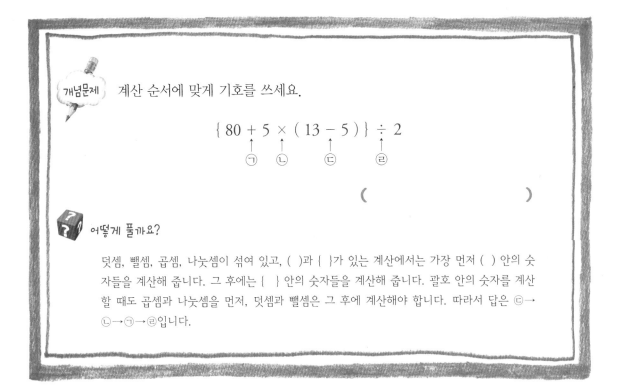

개념문제　계산 순서에 맞게 기호를 쓰세요.

$$\{ 80 + 5 \times (13 - 5) \} \div 2$$

　　　　ⓐ　　ⓑ　　　ⓒ　　　ⓓ

（　　　　　　　　　）

어떻게 풀까요?

덧셈, 뺄셈, 곱셈, 나눗셈이 섞여 있고, ( )과 { }가 있는 계산에서는 가장 먼저 ( ) 안의 숫자들을 계산해 줍니다. 그 후에는 { } 안의 숫자들을 계산해 줍니다. 괄호 안의 숫자를 계산할 때도 곱셈과 나눗셈을 먼저, 덧셈과 뺄셈은 그 후에 계산해야 합니다. 따라서 답은 ⓒ→ⓑ→ⓐ→ⓓ입니다.

01 다음 식의 계산 순서를 나타내고 계산하세요.

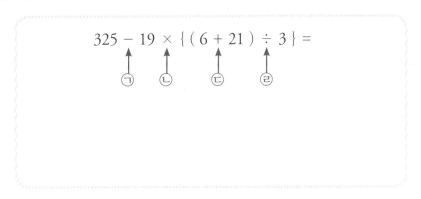

$$325 - 19 \times \{ (6 + 21) \div 3 \} =$$

　　　　ⓐ　　ⓑ　　　ⓒ　　　ⓓ

02 선생님께서 학생들에게 나누어 주려고 연필 7다스를 준비했습니다. 한 반에는 4명씩 6모둠의 학생들이 있는데 선생님께서는 한 학생당 연필을 3자루씩 주셨습니다.

선생님께서 나누어 주고 남은 연필은 몇 자루인지 식을 만들고 답을 구하세요.

● 식 : _____

● 답 : _____

01 다음의 숫자 카드와 연산 카드를 3장만 써서 가장 큰 답이 나오는 식을 만들어 보세요.
또한 가장 작은 답이 나오는 식을 만들어 보세요.

➡ 가장 큰 답이 나오는 식: _____

➡ 가장 작은 답이 나오는 식: _____

02 다음 두 식의 차이점을 적어 보세요.

$$12 \div 4 \times 3$$

$$12 \times 4 \div 3$$

_____

_____

_____

03 진선이는 영선이 집에 놀러 가려고 합니다. 영선이네 집을 올바르게 찾기 위해서는
다음 혼합 계산을 바르게 할 수 있어야 합니다. 혼합 계산의 결과가 40보다 작다면
아래로, 혼합 계산의 결과가 40보다 크다면 옆으로 이동하세요.

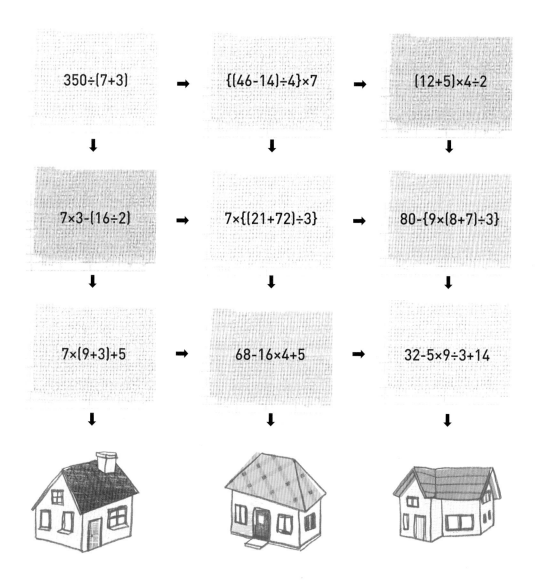

$350 \div (7+3)$ ➡ $\{(46-14) \div 4\} \times 7$ ➡ $(12+5) \times 4 \div 2$

$7 \times 3 - (16 \div 2)$ ➡ $7 \times \{(21+72) \div 3\}$ ➡ $80 - \{9 \times (8+7) \div 3\}$

$7 \times (9+3) + 5$ ➡ $68 - 16 \times 4 + 5$ ➡ $32 - 5 \times 9 \div 3 + 14$

측정

각

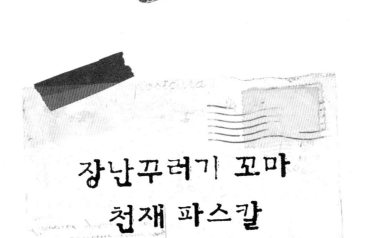

장난꾸러기 꼬마 천재 파스칼

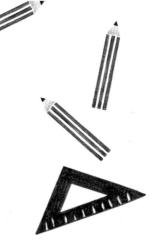

"이놈, 또 공부를 하고 있었구나!"

아버지가 아들의 책을 빼앗으며 소리쳤어요.

"제발 공부 좀 하게 내버려 두세요. 전 공부가 하고 싶다고요."

"넌 열다섯 살이 되기 전에는 절대 공부를 해선 안 돼. 특히 수학하고 과학은 어림도 없다. 넌 그냥 하루 종일 놀기만 해."

"싫어요, 전 공부를 하고 싶단 말이에요."

아들은 발을 구르며 떼를 썼어요. 하지만 아버지는 고집을 꺾지 않았지요. 이 이상한 아버지와 아들은 지금으로부터 330여 년 전에 살았던 니클라우스와 파스칼 부자랍니다.

파스칼은 어려서부터 몸이 허약했어요. 아버지는 파스칼이 건강하게 자라려면 무조건 뛰어놀게 해야 한다고 생각했지요. 그래서 읽던 책도 뺏어 버리고, 공부도 하지 못하게 했답니다. 하지만 파스칼은 틈만 나면 몰래 숨어서 공부를 했지 뭐예요.

덕분에 아버지와 아들은 날마다 공부를 하고 싶다, 하지 말라 실랑이를 해야 했답니다.

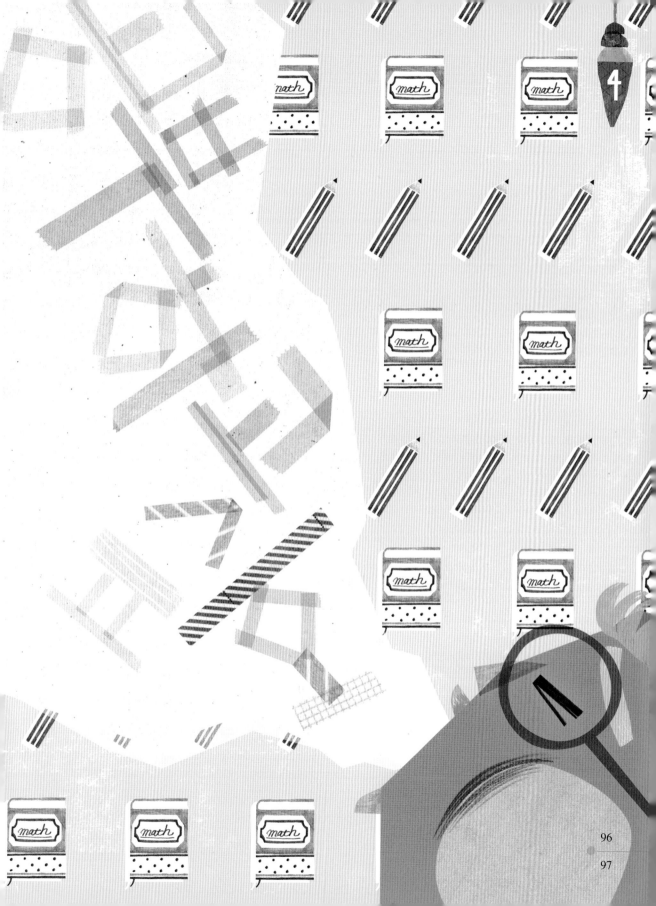

파스칼은 한번 궁금한 게 생기면 밤새도록 책을 찾아보고, 공부해야 하는 유별난 성격이었어요. 아버지는 파스칼이 궁금증을 느낄 때마다 "그런 건 알 필요 없다!"라고 말하며 바깥에 나가 놀라고 등을 떠밀었지요.

어느 날 파스칼은 '각'에 대해 궁금해졌어요. 하지만 아버지 때문에 책을 찾아볼 수가 없었지요. 파스칼은 눈치를 살피다가 슬그머니 물었어요.

"아버지, 각이 뭐예요?"

"각은 모서리다. 더 이상은 알 필요 없으니 묻지 말거라."

아버지의 대답은 짤막했지요. 파스칼은 각이 뭔지 궁금해 견딜 수가 없었어요. 파스칼은 집 안 곳곳을 돌아다니며 모서리를 찾기 시작했지요.

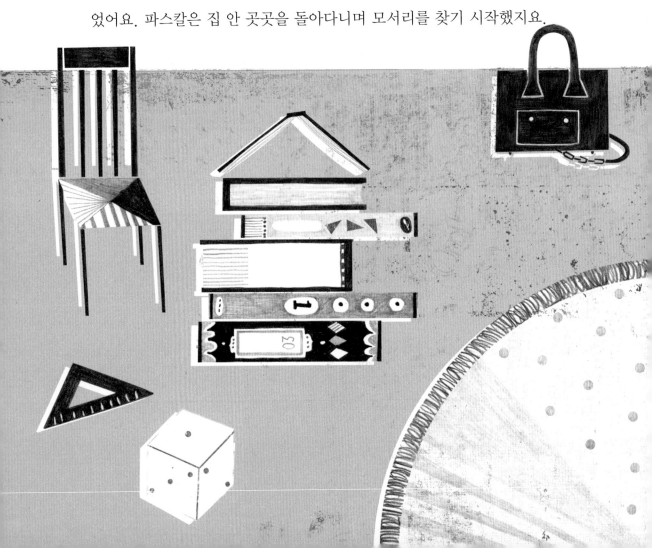

★ 조개 2개가 입을 벌리고 있어요. 더 많이 벌어진 각은 어느 것일까요?

(가)

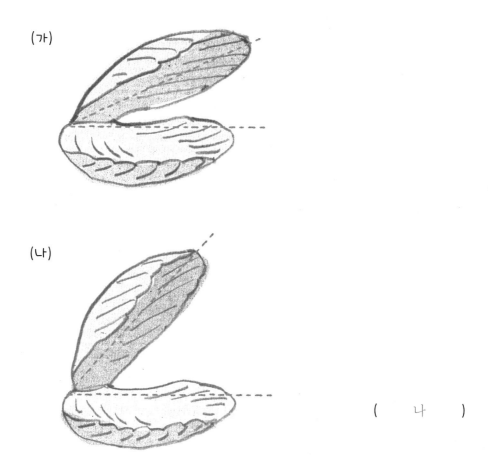

(나)

(　나　)

개념 잡기

• 각의 크기는 변의 길이와 관계없어요. 각의 크기는 두 변의 벌어진 정도만 보면 됩니다.

파 스칼은 아버지의 책상 서랍 속에서 신기한 물건을 하나 발견했어요. 각도기라는 것이었지요.

'이걸로 각을 알아볼 수 있다는 거지?'

파스칼은 자기가 찾은 도형의 모서리에다 대고 각을 재어 봤어요. 그랬더니 각도가 나타났지요.

파스칼은 각도기를 이용해서 30°짜리, 60°짜리, 75°짜리 각을 그려 보았어요. 그랬더니 각이 커질수록 도형의 모양이 달라진다는 걸 알 수 있었지요.

⭐ 점 ㄴ을 각의 꼭짓점으로 하여 각도를 75°로 그려 보세요.

⭐ 점 ㄴ을 각의 꼭짓점으로 하여 각도를 90°로 그려 보세요.

개념 잡기

• 각도기로 각 재는 법

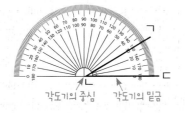

각도기의 중심   각도기의 밑금

1. 각도기의 중심을 각의 꼭짓점에 맞춥니다.
2. 각도기의 밑금을 한 변에 맞춥니다.
3. 다른 한 변이 닿은 눈금을 읽습니다.

• 각 그리는 법

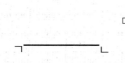 ⇨ 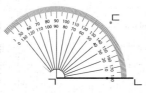 ⇨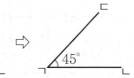

1. 각의 한 변 ㄱㄴ을 긋습니다.

2. 그 위에 각도기를 올려서 맞추고 원하는 각도에 점 ㄷ을 찍습니다.

3. 점 ㄱ과 점 ㄷ을 이어 각의 다른 한 변 ㄱㄷ을 긋습니다.

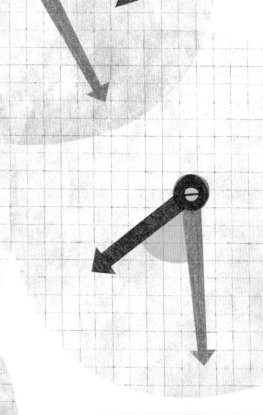

어느 날, 아버지가 외출을 나가시는 게 보였습니다. 파스칼은 얼른 서재로 들어가 책을 읽기 시작했어요.

"세상 모든 각은 직각을 기준으로 한다. 직각보다 큰 것을 둔각이라고 하고, 직각보다 작은 것을 예각이라고 한다."

파스칼은 각과 관련된 책을 읽으며 눈을 반짝였어요.

각은 배우면 배울수록 흥미로웠지요. 파스칼은 책을 더 읽고 싶었어요. 하지만 아버지가 언제 돌아오실지 몰라 불안했어요.

파스칼은 자꾸 시계를 힐끗힐끗 쳐다보았어요. 바로 그 순간 시계 속에 각이 보이지 뭐예요? 파스칼은 눈이 동그래졌어요.

★ 다음 시계를 보고 시계의 시침과 분침이 이루는 작은 쪽의 각이 예각인지 둔각인지 써 보세요.

(예각   )   (둔각   )

개념 잡기

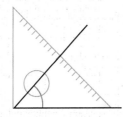

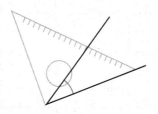

• 직각보다 작은 각을 예각이라고 해요.

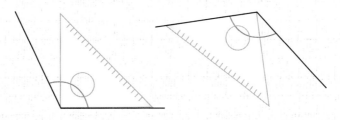

• 직각보다 크고, 180°보다 작은 각을 둔각이라고 해요.

     난 이런 걸 갖고 노는 것보다 책을 보는 게 더 좋다고!"

파스칼은 꼽기 놀이판을 물끄러미 바라보았어요.

아버지는 파스칼에게 공부를 하는 대신 놀이를 하라며 꼽기 놀이판을 던져 주셨지요. 다른 아이들 같았으면 신이 나서 시간 가는 줄도 몰랐을 거예요. 하지만 파스칼은 오히려 머리가 지끈지끈 아파 왔지요.

파스칼은 노는 게 피곤하고 귀찮았어요. 오로지 공부만 하고 싶었지요.

파스칼은 한숨을 쉬다가, 문득 꼽기 놀이판의 구멍을 연결하면 도형을 그릴 수 있다는 사실을 알아냈어요. 파스칼은 꼽기 놀이판에 있는 구멍들을 이용해서 예각삼각형과 둔각삼각형을 그려 보았지요.

★ 세 점을 이어서 예각삼각형을 그려 보세요

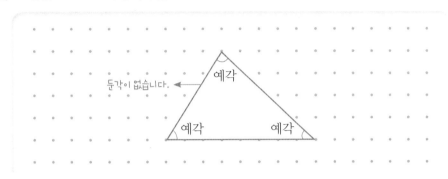

★ 세 점을 이어서 둔각삼각형을 그려 보세요.

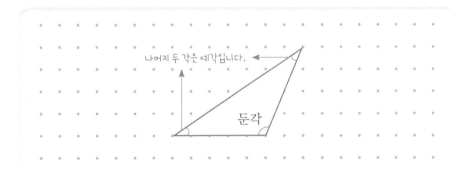

개념 잡기

- 세 각이 모두 예각인 삼각형을 예각
  삼각형이라고 해요. 3개의 각이 모
  두 90° 이하인 삼각형이지요.

- 한 각이 둔각인 삼각형을 둔각삼각형
  이라고 해요. 3개의 각 중에서 각 1개
  의 크기가 90°보다 큰 삼각형이에요.

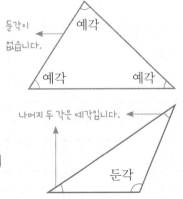

"나가서 해가 질 때까지 놀다가 오렴."

　　아버지가 파스칼을 또 집 밖으로 내쫓았어요. 아버진 책을 읽는 대신 밖에 나가서 친구들과 놀라고 하셨지요.

　　파스칼은 어깨를 축 늘어트린 채 사과나무 그늘 쪽으로 걸어갔어요. 그런데 아이들이 사과나무 아래에 모여 웅성거리고 있는 게 아니겠어요? 자세히 보니 사다리를 구하지 못한 아이들이 발을 동동 구르고 있는 것이었어요. 파스칼은 아이들에게 널빤지를 시소처럼 만들어 달라고 부탁했어요. 그러면 사과를 딸 수 있게 해 주겠다고 했지요.

　　"어떻게?"

　　"일단 만들기나 해."

　　파스칼의 말에 아이들은 냉큼 넓적한 돌 위에 널빤지를 올려놓았어요. 그러자 시소 모양이 완성됐지요. 파스칼은 아이들에게 널빤지 위로 올라서라고 했어요.

　　아이 셋이 올라서자 반대편 쪽의 널빤지가 위로 향했지요. 파스칼은 그 널빤지를 딛고 서서 손을 뻗었어요. 하지만 사과나무에 손이 닿지 않았어요.

　　파스칼은 다른 아이 두 명을 더 올라서게 했지요. 그랬더니 각도가 커져서 널빤지가 더욱 높이 위로 향하게 됐어요. 파스칼은 손을 뻗어 쉽게 사과를 딸 수 있었지요. 사과를 아이들에게 나눠 준 파스칼은 아까 두 각의 크기를 더하면 어떻게 되는지 궁금해졌어요.

✪ ☐ 안에 알맞은 수를 써 넣으세요.

• 60°+20°

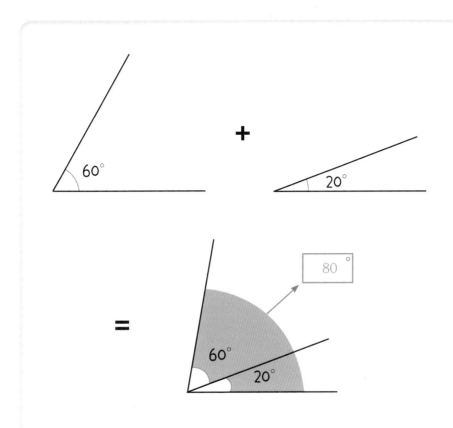

개념 잡기

• 각의 합을 구할 때는 자연수의 덧셈을 할 때와 같은 방법으로 각도를
더하면 됩니다.

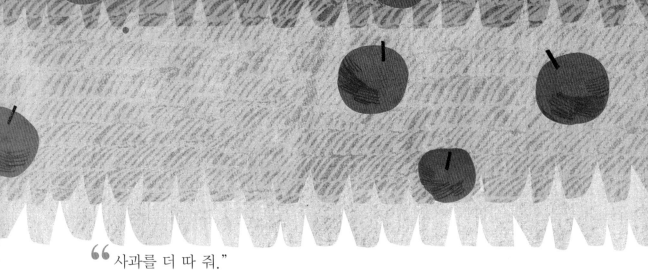

"사과를 더 따 줘."

"아니야. 이번에는 복숭아를 따 줘."

아이들은 파스칼을 졸랐어요. 하지만 파스칼은 널빤지를 이용한 각도를 연구하느라 시간 가는 줄 몰랐어요.

"널빤지의 각도가 줄어들면 높이도 달라지는구나."

파스칼은 아이들에게 널빤지에 차례대로 올라가라고 했어요. 아이들 셋을 널빤지 아래에 세웠을 때와 다섯을 세웠을 때 각도가 어떻게 다른지 재어 보았어요.

"이 각도는 얼마나 차이가 날까?"

파스칼은 큰 각에서 작은 각을 빼 보기도 했지요.

"뭐하는 거야? 사과 따 달라니까!"

안에 알맞은 수를 써 넣으세요.

• 70°-30°

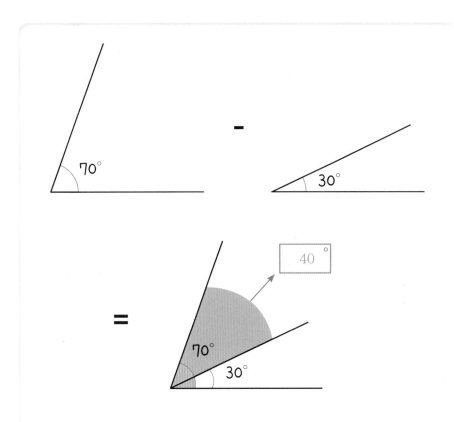

• 각의 차를 구할 때는 자연수의 뺄셈을 할 때와 같은 방법으로 각도를 빼면 됩니다.

파 스칼은 밤이 되어서야 집으로 돌아갔어요. 아버지는 파스칼이 내
내 놀다 온 줄 알고 흐뭇하게 웃었지요.

"친구들과 뭘 하고 놀았니?"

그런데 파스칼은 아버지를 보자마자 이렇게 대답했어요.

"아버지, 세상에 있는 모든 삼각형의 내각은 합이 똑같다는 거 아세요?"

"그게 무슨 소리냐?"

"내각의 합은 180°이에요."

아버지는 파스칼이 무슨 얘기를 하는 건지 도통 알 수가 없었지요.

그때였어요. 아버지의 친구이자 수학과 교수인 팡세 선생님이 찾아오
셨어요. 파스칼은 팡세 선생님께 자기가 찾아낸 원리를 이야기했어요.

"이 세상에 있는 모든 삼각형의 내각의 합은 180°예요."

"얘야, 이 세상에는 삼각형이 무한대로 많단다. 그 삼각형의 내각의 합
이 모두 똑같다는 것은 말이 안 되는 상상이야!"

팡세 교수님은 코웃음을 쳤어요. 파스칼은 삼각형 모양의 종이를 가위
로 잘랐어요.

"간단한 방법으로 보여드릴게요. 이렇게 삼각형의 세 각이 있는 꼭지
부분을 따로따로 잘라서 붙여 보는 거예요. 그러면 직선이 나와요. 직선
은 180°잖아요."

팡세 교수님의 입이 쩍 벌어졌어요.

"이걸 너 혼자 알아냈단 말이냐? 넌 천재로구나!"

팡세 교수님은 감탄했지만,
아버지는 여전히 머리를 긁적
이기만 했지요.

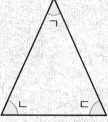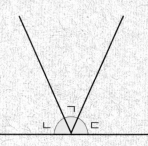

안에 알맞은 수를 써 넣으세요.

• 180°-90°-45°=45°

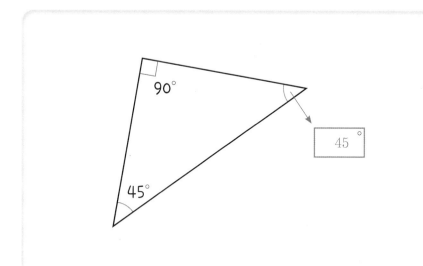

90°

45°

45°

개념 잡기

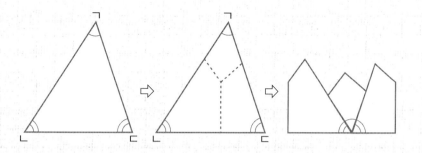

• 삼각형의 모양과 크기는 저마다 다르더라도, 모든 삼각형의 세 각의 크기의 합은 언제나 180°예요. 삼각형을 오려서 붙여 보면 알 수 있지요.

파스칼은 색종이를 꺼냈어요.

"이번에는 종이접기로 나를 놀라게 하려는 것이냐?"

팡세 교수님이 미소를 지으며 바라봤어요.

"새로운 걸 발견했어요. 이 세상의 모든 사각형의 내각의 합이 360°라는 것을 알아냈어요!"

파스칼의 말에 팡세 교수님의 눈동자가 반짝거렸어요.

파스칼은 사각형 색종이를 삼각형 두 장으로 잘랐어요.

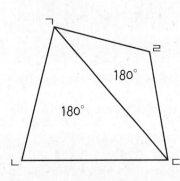

"잘 보세요. 삼각형의 내각의 합이 180°니까 삼각형이 2개 모인 사각형은 $180 \times 2 = 360$. 그러니까 이 세상의 모든 사각형의 내각은 360°예요."

또 파스칼은 또 한 장의 색종이를 네 조각으로 잘랐어요. 그리고 네 조각을 둥글게 붙였어요.

"이것 보세요! 네 각을 따로 잘라서 하나로 붙이니까 360°가 되었어요!"

파스칼은 정사각형, 직사각형, 마름모, 평행사변형 등 여러 종류의 사각형을 삼각형 2개로 만들 수 있다는 사실도 알아냈어요.

"오, 얘야, 넌 수학 천재로구나!"

팡세 교수님의 눈이 휘둥그레졌어요.

4

☆ ◻ 안에 알맞은 수를 써 넣으세요.

• 360°-120°-65°-90°=85°

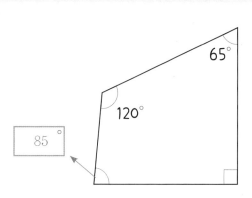

개념 잡기

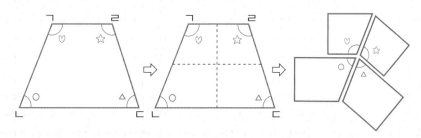

• 사각형의 모양과 크기는 제마다 다르더라도, 모든 사각형의 네 각의
크기의 합은 언제나 360°예요. 색종이를 오려서 붙여 보면 알 수 있지
요.

휴, 난 도저히 널 말릴 자신이 없구나. 이제부터는 네 마음껏 공부를 하도록 해라."

아버지는 더 이상 파스칼이 공부를 못하게 말리지 않았어요. 대신 파스칼이 좋아하는 공부를 마음껏 할 수 있도록 아낌없는 지원을 해 주었지요. 덕분에 파스칼은 수학사에 길이 남을 위대한 업적을 세운 수학자가 되었어요.

특히 파스칼은 도형과 관련된 여러 가지 이론을 세우고, 정립한 학자가 됐지요.

오늘날 우리가 알고 있는 삼각형이나 사각형의 정의, 각의 성질 등은 모두 파스칼이 밝혀 낸 것이랍니다.

Pascal's triangle

L'esprit géométrique

Calculator

Pascal, 1623-1662

선생님과 함께하는 개념 정리

각도란 한 꼭짓점을 맞대고 있는 두 변이 벌어진 정도를 의미해요. 많이 벌어져 있다는 것은 각의 크기가 크다는 것을 의미하고 조금 벌어졌다는 것은 각의 크기가 작다는 것을 의미하지요. 따라서 ① ＼ , ② ╱ 이렇게 두 가지 모양의 각이 있을 때, ②번이 더 많이 벌어졌기 때문에 ②의 각의 크기가 더 크다고 할 수 있지요.

각의 크기를 구할 때는 각도기를 활용할 수 있어요. 각도기는 각의 크기를 구하기 위해서 만들어진 도구랍니다. 각도기를 이용하여 각을 읽을 때는 3가지만 잘 지켜주면 돼요. 첫째, 각도기의 중심에 꼭짓점을 맞추어 주세요. 둘째, 각도기의 밑금에 한 변을 맞추어요. 셋째, 다른 한 변이 닿은 눈금을 읽어 주면 되지요.

각에는 둔각과 예각이 있어요. 둔각은 90°보다 각의 크기가 큰 각으로 둔한 모양의 각이라고 할 수 있어요. 예각은 90°보다 작은 각이라 뾰족한 모양의 예리한 각이랍니다. 예각삼각형은 세 각이 모두 예각인 삼각형이에요. 그렇지만 세 각 중 한 각만 둔각이어도 둔각삼각형이 될 수 있답니다. 차이를 잘 구별해 두어야 해요.

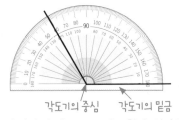

각도기의 중심   각도기의 밑금

이 각의 각도는 120도 라고 할 수 있어요.

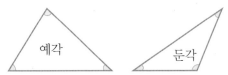

각도의 합과 차를 구하는 것은 어렵지 않아요. 우리가 일반적으로 자연수의 덧셈과 뺄셈을 할 때와 같은 방법으로 구할 수 있답니다. 예를 들어, 30°와 57°의 합은 87°라고 할 수 있어요. 그리고 차는 큰 수에서 작은 수를 빼기 때문에 27°라고 할 수 있지요.

각도는 각의 크기를 나타내지요. 각도 단원에서는 기본 개념들만 충분히 잡아 놓는다면 어렵지 않게 공부할 수 있어요. 각의 크기는 각의 벌어진 정도를 의미하기 때문에 각에서 변의 길이는 각도와 전혀 상관이 없다는 것을 잘 알아두어야 해요.

각의 크기는 두 변이 벌어진 정도를 나타내기 때문에 두 각의 크기는 같습니다.

각도기를 이용하여 각을 구하거나 각을 잴 때는 각도기의 중심과 각도기의 밑금에 각을 맞추는 것이 무엇보다 중요해요. 각을 그릴 때는 한 변을 먼저 그리고 그 변을 각도기의 밑금에 맞추어야 해요. 그리고 한 변의 끝은 각도기의 중심에 맞추지요. 마지막으로 원하는 각에 점을 찍은 후 각도기의 중심에 있던 점과 이어 주면 각을 그릴 수 있답니다.

삼각형의 세 각의 합은 항상 같아요. 어떤 모양의 삼각형이든 세 각의 합은 180°가 나오지요. 따라서 이런 종류의 문제가 주어진다면 180°에서 나머지 두 각을 더한 값을 빼 주면 값을 구할 수 있어요.

사각형의 네 각의 합도 항상 같지요. 어떤 모양의 사각형이든 네 각의 합은 360°가 나온답니다. 사각형은 삼각형을 두 개 붙여 놓은 것과 같기 때문이지요.

따라서 네 각 중 세 각을 알 때 한 각을 구하는 문제에서는 360°에서 나머지 세 각의 합을 빼 주면 답이 나온답니다.

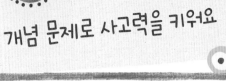
 개념문제 다음 중 각의 크기를 큰 것부터 차례로 기호를 쓰세요.

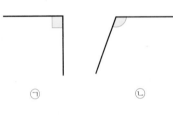   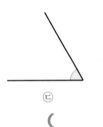   

ㄱ   ㄴ   ㄷ   ㄹ

(   )

 어떻게 풀까요?

각의 크기는 두 변이 벌어진 정도를 의미해요. 따라서 각의 크기가 크다는 것은 두 각의 거리가 많이 벌어졌다는 것을 나타내지요. 두 각의 거리가 많이 벌어진 것부터 차례대로 기호를 쓰면 ㄴ, ㄱ, ㄷ, ㄹ이랍니다.

01 각도기를 이용하여 다음의 각도를 재어 보세요.

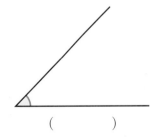   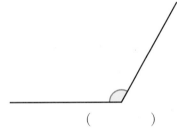

(   )   (   )

02 각도기를 이용하여 점 ㄴ을 꼭짓점으로 하고 주어진 선분을 한 변으로 하는 각도가 110°인 각을 그려보세요.

ㄱ ——————————————— ㄴ

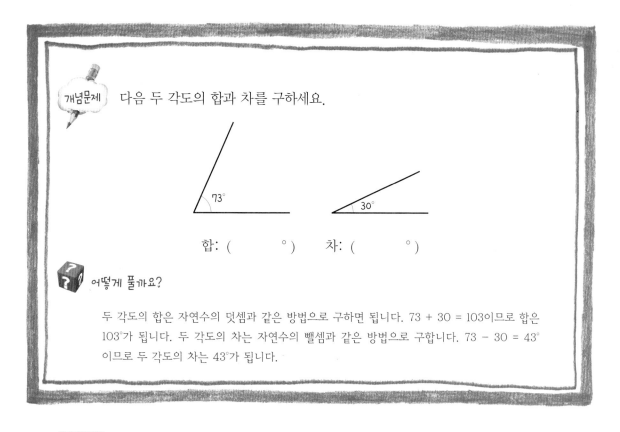

개념문제 다음 두 각도의 합과 차를 구하세요.

73°

30°

합: (°)   차: (°)

어떻게 풀까요?

두 각도의 합은 자연수의 덧셈과 같은 방법으로 구하면 됩니다. 73 + 30 = 103이므로 합은 103°가 됩니다. 두 각도의 차는 자연수의 뺄셈과 같은 방법으로 구합니다. 73 – 30 = 43° 이므로 두 각도의 차는 43°가 됩니다.

01 ☐ 안에 알맞은 수를 써 넣으세요.

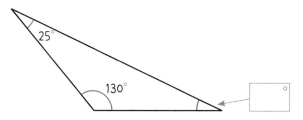

25°

130°

☐°

02 다음 도형에서 각 ㉠의 크기를 구하세요.

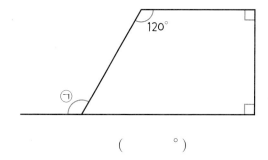

120°

㉠

(°)

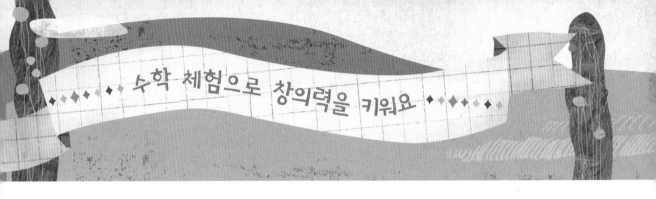
01 소영이는 엄마와 함께 블록을 이용하여 집을 만들어 보았어요. 다음 그림에서 예각에 는 ◣ 으로, 직각에는 ⌐ 으로, 둔각에는 ◸★ 으로 표시하여 보세요.

02 다음 점판에서 각각 다른 모양의 둔각삼각형을 3개, 예각삼각형을 3개 만들어 봅시다. (단, 각 삼각형은 서로 겹치지 않아야 합니다.)

5 측정

그래프

마녀 사냥과
흑사병을 막아라!

"호외요, 호외! 오늘 저녁, 광장에서 마녀를 처형합니다!"

신문팔이 소년이 신문에 쓰인 기사를 펼쳐 보이며 크게 떠들었다. 그러자 호기심을 느낀 사람들은 서로 신문을 사 보려고 아우성이었다.

신문에는 마녀 재판이라는 기사가 크게 나 있었다. 메를린이라는 여자 마녀를 죽인다는 것이었다. 존은 기사를 읽고 눈을 부릅떴다.

'말도 안 돼. 메를린이 마녀라니!'

메를린은 존의 가게에서 허드렛일을 한 적이 있는 소녀였다. 메를린은 비록 가난했지만 똑똑하고 눈치가 빨랐다. 거기다가 병든 엄마와 동생들을 돌보는 착한 아이이기도 했다. 그런 메를린을 붙잡은 것도 모자라 마녀랍시고 처형을 하겠다니.

존은 어떻게든 이번 처형을 막아야겠다며 주먹을 움켜쥐었다.

“이 소녀가 마녀인 이유를 말해 보시오.”

판사가 광장에 모인 사람들을 향해 물었다. 그러자 사람들이 웅성거리더니 말하기 시작했다.

“저는 옷감과 잡화를 파는 상인입니다. 메를린을 하녀로 쓴 적이 있었지요.”

잡화상의 주인은 메를린이 구두와 우산이 잘 팔릴 거라는 예언을 했다고 말했다.

“그 많은 물건들 가운데 구두와 우산이 잘 팔릴 것을 예언하다니, 이것은 메를린이 마녀이기 때문에 가능한 일일 것입니다. 거기다가 우산이 5개 팔렸다는 걸 세어 보지도 않고 단숨에 말했다니까요.”

잡화장 주인의 말에 메를린은 어이가 없다는 듯 소리쳤다.

“그건 막대그래프를 이용했기 때문이었어요!”

메를린은 옷감, 장신구, 잡화, 구두, 우산을 사 가는 사람들의 숫자를 막대그래프로 표시해 두었다고 소리쳤다. 그러면 어떤 물건이 얼마나 팔리는지 한눈에 알아볼 수 있다며 억울해했다.

• 메를린은 팔린 물건만큼 표를 만들고, 막대그래프로 그렸어요.

물건 이름	옷감	장신구	잡화	구두	우산	합계
사람 수	3	2	4	5	6	20

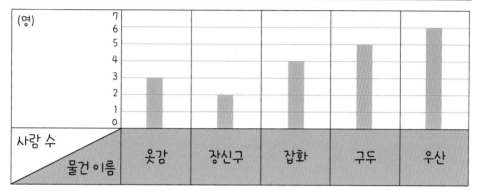

⭐ 가장 많이 팔린 물건은 어떤 것인가요?

(우산   )

⭐ 가장 많이 팔린 물건부터 차례대로 쓰세요.

(우산 〉 구두 〉 잡화 〉 옷감 〉 장신구   )

개념 잡기

• 막대그래프는 조사한 수를 막대로 나타낸 그래프입니다.
  막대그래프는 여러 내용을 한눈에 쉽게 비교할 수 있어서 좋아요.

저는 메를린이 검은 고양이를 거리에 풀어놓는 걸 본 적이 있습니다.”

영국 사람들은 검은 고양이를 마녀의 부하라고 생각했다. 그래서 검은 고양이를 기르는 여자는 무조건 마녀일 거라고 생각하고 꺼렸다.

“오, 검은 고양이를 길에 풀어놓다니!”

“저 마녀가 이 도시를 마녀의 소굴로 만들려는 거예요!”

사람들이 웅성거렸다. 하지만 메를린은 억울하다며 말했다.

“정말 억울해요. 검은 고양이는 마녀의 부하가 아니라, 쥐를 잡아먹는 동물일 뿐이에요.”

메를린은 사람들이 검은 고양이를 내쫓고 죽이자, 쥐가 늘어났다는 사실을 알아냈다고 했다. 쥐가 늘어나자 전염병이 생겼고, 사람들이 앓아눕기 시작했다는 것이었다.

메를린은 검은 고양이가 있을 때 쥐의 숫자와 사라졌을 때 쥐의 숫자를 막대그래프로 그려 보았다고 했다. 그러고서 검은 고양이가 필요하다는 사실을 알아내 거리에 풀어 둔 것이라고 외쳤다. 하지만 사람들은 아무도 메를린의 말을 믿으려고 하지 않았다.

• 메를린은 마을 사람들을 대상으로 검은 고양이가 사라지고 쥐가 많아지는 것을 조사해서 막대그래프를 그렸어요. 표와 막대그래프를 각각 완성하세요.

쥐의 수

마을	A	B	C	D	합계
마리		3		4	14

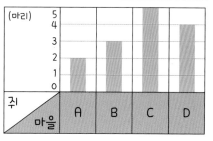

⭐ 막대그래프를 보고 C 마을의 쥐의 수를 구해 보세요.

(5   )마리

⭐ 표를 보고 A 마을의 쥐의 수를 구해 보세요.

(2   )마리

⭐ 막대그래프의 가로와 세로에는 무엇을 나타내야 하나요?

가로: (마을   ), 세로: (쥐의 수   )

⭐ 막대그래프를 그린 후 마지막에 꼭 해야 할 것은 무엇인가요?

(제목 붙이기   )

개념 잡기

• 막대그래프 그리는 법

1. 가로와 세로 눈금에 나타낼 것을 정해요.
2. 가장 큰 수까지 나타낼 수 있도록 세로 눈금 한 칸의 크기와 눈금 수를 정해요.
3. 조사한 수에 맞도록 막대를 그려요.
4. 알맞은 제목을 붙이면 완성!

메를린이 끝까지 자기는 마녀가 아니라고 주장해 재판은 미뤄졌다. 그런데 그사이 무서운 전염병이 나타났다. 바로 흑사병이었다. 흑사병은 온몸에 열이 펄펄 나고, 얼굴이 새카맣게 탄 사람처럼 검게 일그러져 죽는 병이었다. 이 병은 치료약이 없었기 때문에 수많은 사람들의 목숨을 앗아 갔다. 사람들은 흑사병이 돌기 시작한 것이 메를린 때문이라며 서둘러 그녀를 처형시키자고 소리쳤다. 존은 흑사병이 일어난 계절과 죽은 사람의 숫자를 조사해 보았다. 그랬더니 흑사병은 여름에 많이 발생했고, 겨울에는 거의 발생하지 않았다는 사실을 알아낼 수 있었다.

'어쩌면 이 병은 메를린의 저주 때문에 생긴 게 아니라 다른 이유 때문일 수도 있어.'

존은 막대그래프를 그리며 점점 확신을 갖게 됐다. 하지만 조사를 하지 않은 중간 상황을 예상할 수 없었기 때문에 골치가 아팠다.

5

• 존은 사망자 수를 막대그래프로 그렸어요.

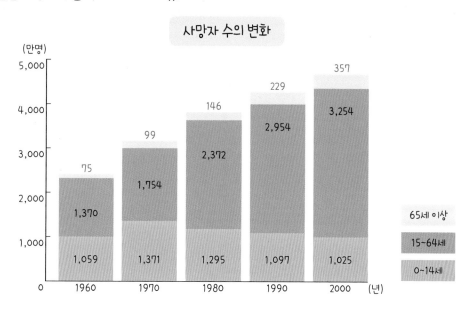

⭐ 위의 막대그래프에서 가로와 세로는 각각 무엇을 나타낼까요?

가로 (년), 세로 (사망자 수)

⭐ 65세 이상의 사망자 수는 어떻게 되고 있는지 쓰세요.

(점점 늘어나고 있다.)

⭐ 위 그래프에서 알 수 있는 사실을 2가지만 쓰세요.

(전체 사망자 수는 증가하고 있다. 15~64세 사망자 수가 점점 늘어나고 있다.)

개념 잡기

• 막대그래프의 장점: 무엇이 높고 낮은지 비교하기 쉬워요.
• 막대그래프의 단점: 변화하는 모양과 정도를 알아보기 어려워요.
  조사하지 않은 중간 값을 예상할 수가 없어요.

“ 흑사병은 메를린이 저주의 마법을 부렸기 때문에 생긴 병이야."

"맞아, 메를린만 사라지면 흑사병도 없어질 거야."

사람들은 메를린을 처형해야 한다고 소리쳤다. 그러자 존은 사람들에게 흑사병을 고칠 약은 만들 수 없지만, 대신 그 병을 피해 갈 수 있는 방법은 있다고 말했다.

"그걸 어떻게 알아냈소?"

사람들이 존에게 물었다. 존은 망설임 없이 대답했다.

"이건 사망자 숫자와 병이 일어나는 시기를 표시한 그래프입니다. 이 그래프를 보면 흑사병이 언제 심해지는지 알아낼 수 있어요."

존은 꺾은선그래프를 보여주며 흑사병이 퍼지고, 심해지는 시기에는 런던을 피해 다른 지역으로 가 있어야 한다고 외쳤다. 그러자 사람들은 솔깃한 듯 그래프를 바라보았다.

"이건 처음 보는 그래프로군요."

"이건 사망자의 수가 시간에 따라 바뀌는 것을 꺾어지는 선으로 그린 그래프예요."

5

• 사망자 수를 조사하여 나타낸 그래프입니다.

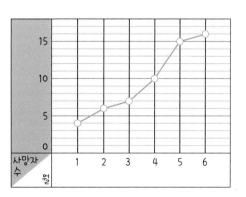

⭐ 위와 같은 그래프를 무엇이라고 할까요?

(꺾은선그래프)

⭐ 가로 눈금과 세로 눈금은 각각 무엇을 나타낼까요?

가로 (월), 세로 (사망자 수)

⭐ 세로의 작은 눈금 한 칸의 크기는 무엇을 나타내나요?

(사람 1명)

⭐ 그래프를 보고 표를 완성하세요.

월	1	2	3	4	5	6
사망자	4	6	7	10	15	16

개념 잡기

• 꺾은선그래프는 시간에 따라 바뀌는 것을 꺾어지는 선으로 그린 그래프예요. 언제 얼마나 바뀌는지 알아보기 쉬워요. 또 조사하지 않은 중간의 값도 예상할 수 있어요. 예를 들어, 날씨 예고를 할 때 사용되는 '기온의 변화'가 대표적인 꺾은선그래프예요.

변화가 커요.

변화가 작아요.

꺾은선그래프의 특징
• 변화하는 모양과 정도를 알아보기 쉬워요.
• 조사하지 않은 중간의 값을 예상할 수 있어요.
• 꺾은선그래프의 선분이 많이 기울어질수록 변화의 정도가 커요.

변화가 없어요.

　　　　만약 당신이 이 그래프를 이용해서 흑사병이 사라질 시기를 알아낸다면 원하는 건 무엇이든 들어주겠소."

　　귀족들은 존에게 흑사병이 언제쯤 사라질지 알아내 달라고 애원했다.

　　존은 지금까지 죽은 사망자의 수를 계절별로 조사해 꺾은선그래프를 그리기로 했다. 그러자 놀라운 결과가 나타났다. 날이 추울 때는 흑사병으로 인해 죽는 사람의 수가 거의 없었지만, 날이 따뜻해지기 시작해 더워질 무렵이면 엄청난 사망자 수가 생긴다는 것이었다.

　　존은 이 그래프를 바탕으로 흑사병이 여름에 기승을 부리고, 겨울이면 사라진다는 사실을 알아냈다.

　　"두고 보십시오. 날씨가 차가워지면 흑사병도 사라질 겁니다."

• 존은 사망자의 수를 아래와 같이 표로 나타냈어요.

월	1	2	3	4	5	6
사망자	44	51	62	70	85	95

☆ 이 표를 토대로 꺾은선그래프를 그린다면, 가로 눈금과 세로 눈금은 각각 무엇을 나타내면 좋을까요?

　　가로: (　월　), 세로: (　사망자 수　)

☆ 세로의 작은 눈금 한 칸의 크기는 얼마로 하는 것이 좋을까요?

　　(　사람 1명　)

5

✿ 표를 보고 꺾은선그래프를 그리세요.

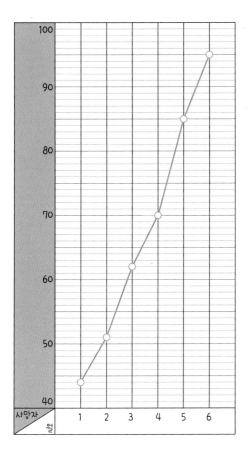

✿ 그래프를 보고 알 수 있는 점은 무엇인가요?

(사망자 수가 계절이 따뜻해지니까 더 늘어나고 있다.)

✿ 그래프를 보고 앞으로 일어날 일을 예상해 봅시다.

(여름이 되면 더 많은 사망자가 발생할 것이다. 왜냐하면 따뜻해질수록 그래프의 기울기가 가팔라지기 때문이다.)

개념 잡기

• 꺾은선그래프 그리는 순서

1. 가로 눈금과 세로 눈금을 무엇으로 할지 정해요.
2. 가로 눈금과 세로 눈금이 만나는 자리에 조사한 내용을 점으로 그려요.
3. 점들을 선분으로 연결하고, 꺾은선그래프의 제목을 써요.

    "다음 달에는 흑사병으로 인해 몇 명이나 죽을 것 같소?"

    귀족들은 틈만 나면 존의 집을 찾아와 캐물었다. 그 사이 날은 점점 더 더워졌고, 죽어가는 사람의 수도 더욱 늘어났다. 그래프는 날이 갈수록 점점 가팔라져서 알아보기가 불편할 정도였다. 존은 꺾은선그래프를 그릴 때 굳이 표시하지 않아도 되는 부분을 ≈(물결선)으로 그려 넣었다. 그러자 그래프가 한결 보기 편해졌다.

    "그래프 A의 세로 눈금 한 칸의 크기는 2도로 삼고, 그래프 B의 세로 눈금 한 칸의 크기는 0.1도로 삼는 거야."

    그러자 변화하는 모양을 뚜렷하게 볼 수 있었다.

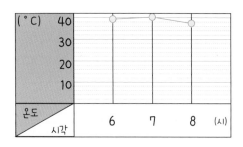

A

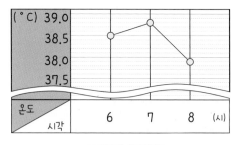

B

5

• 존은 물결선을 사용해 온도 변화를 꺾은선그래프로 그렸어요.

(가) 온도 변화

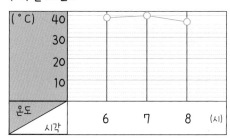

(나) 온도 변화

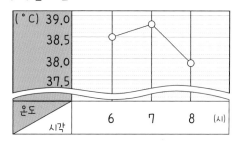

 그래프 (가)의 세로 눈금 한 칸의 크기는 (1) ☐ ℃이고, 그래프 (나)의 세로 눈금 한 칸의 크기는 (2) ☐ ℃입니다.

(1): (2   ), (2): (0.1   )

 그래프 (가)와 (나) 중 온도가 변화하는 모양을 더 뚜렷하게 나타내는 그래프는 ☐ 그래프 입니다.

((나)   )

개념 잡기

• 꺾은선그래프를 그릴 때 필요 없는 부분은 물결선을 그려서 줄일 수 있어요. 그러면 변화하는 모양을 뚜렷하게 볼 수 있어요.

흑사병은 여름에 생기는 병인데…… 1876년에는 한겨울에도 병이 생겼어. 왜 그런 걸까?'

존은 도서관에서 자료를 찾아보다가 놀라운 사실을 발견했다. 바로 1876년 겨울에는 거리의 고양이를 모조리 잡아 죽였다는 것이었다. 그러자 쥐가 늘어났고, 온 도시가 쥐 때문에 골머리를 앓았다는 기사가 있었다.

'혹시 흑사병이 쥐와 관련 있는 건 아닐까?'

존은 고양이 사냥을 하지 않은 달에 줄어든 쥐의 숫자와 흑사병으로 죽은 사람의 수를 조사했다. 그리고 고양이 사냥을 한 다음 늘어난 쥐의 숫자와 흑사병으로 죽은 사람의 수도 조사해 보았다. 그리고 이것을 물결선이 있는 꺾은선그래프로 표시해 보았다. 그러자 놀라운 결과가 나타났다.

☆ 존은 일주일 동안 죽은 쥐의 마리 수를 조사했습니다. 표를 보고 물결선을 사용하여 꺾은선그래프로 나타내세요.

요일	월	화	수	목	금	토
쥐의 수	67	78	83	65	79	91

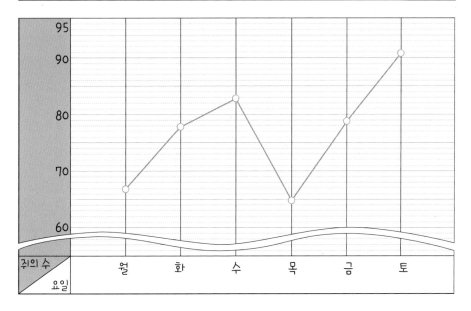

개념 잡기

• 꺾은선그래프 그리는 순서

1. 물결선으로 나타낼 부분에 물결선을 그려요.

2. 가로 눈금과 세로 눈금이 만나는 자리에 조사한 내용을 점으로 그려요.

3. 점들을 선분으로 연결하고, 꺾은선그래프의 제목을 써요.

❝ 흑사병은 마녀의 저주가 아니라 쥐 때문에 생기는 병이었어!"

존은 이 사실을 귀족들에게 얘기했다. 하지만 귀족들은 존의 말을 믿으려 하지 않았다. 답답해진 존은 자신이 그린 그래프를 들고 왕궁으로 찾아갔다. 존은 궁정 문 앞에서 큰 소리로 국왕을 불렀다.

"국왕 폐하, 말씀 드릴 사실이 있습니다!"

그러자 고함 소리를 들은 왕이 존을 궁궐로 불러들였다. 존은 왕에게 예의바른 인사를 하고서 자신이 그린 그래프를 보여주었다.

"폐하, 고양이를 죽이지 않으면 쥐의 숫자가 줄어 들고, 그러면 흑사병으로 죽는 사람의 수도 줄어들 것입니다."

"쥐가 줄어들면 사람이 적게 죽는단 말인가?"

"그렇습니다."

왕은 당장 사람들에게 쥐를 잡으라고 명령했다. 쥐를 많이 잡는 사람에게는 큰 상을 주겠다고도 했다. 그러자 사람들이 너나 할 것 없이 쥐를 잡기 위해 골목골목을 누비고 다니기 시작했다.

얼마 가지 않아서 런던에서는 쥐를 찾아보기가 어려울 정도가 되고 말았다. 또 다른 변화도 있었다. 고양이의 수가 엄청나게 늘어서 거리가 온통 고양이 천지가 된 것이다.

☆ 다음은 각 사람마다 쥐를 잡은 횟수를 조사해 나타낸 표입니다. 각 사람마다 쥐를 잡은 횟수를 비교하려고 해요. 막대그래프와 꺾은선그래프 중에서 어느 그래프로 나타내야 할까요?

이름	윌리	메리	오웬	로버트	마치
쥐를 잡은 횟수	17	15	19	22	20

(막대그래프)

☆ 앞의 표를 보고 알맞은 그래프를 그려 보세요.

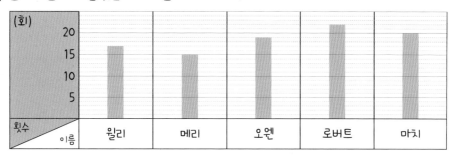

☆ 다음은 검은 고양이가 점점 늘어나는 수를 조사하여 나타낸 표입니다. 고양이 수의 변화를 알아보려고 해요. 막대그래프와 꺾은선그래프 중에서 어느 그래프로 나타내야 할까요?

마을	1주	2주	3주	4주	5주
고양이 수	7	12	22	42	65

(꺾은선그래프)

☆ 다음 중 막대그래프로 나타내기 좋은 경우는 (막)이라고 쓰고, 꺾은선그래프로 나타내기 좋은 경우는 (꺾)이라고 쓰세요.

가. 도시별 인구수 (막)

나. 나이별 몸무게 (꺾)

다. 동물원 기린의 개월 수에 따른 키 (꺾)

라. 24시간 동안 변화하는 기온 (꺾)

마. 가게에서 팔린 상품의 개수 (막)

개념 잡기

• 막대그래프의 좋은 점: 크기를 비교하기에 좋아요.
• 막대그래프의 나쁜 점: 막대그래프에 나타나 있지 않은 값이 얼마인지 알 수 없어요.
• 꺾은선그래프의 좋은 점: 시간에 따라 변화하는 모양을 알 수 있어 좋아요. 중간의 값이 얼마인지 예상할 수 있어요.

쥐가 사라지자 거짓말처럼 흑사병도 사라져갔다. 존은 런던의 영웅이 되었다. 왕인 헨리 8세는 존에게 어떤 소원이든 다 들어주겠다며 너그럽게 말했다. 존은 무릎을 꿇고서 메를린을 풀어 달라고 부탁했다.

"폐하, 그 아이는 수학을 잘하는 현명한 아이일 뿐이랍니다. 절대 마녀가 아니에요."

"그것이 소원이란 말이지? 좋다."

왕은 당장 메를린을 풀어 주라고 명령했다.

그 후 존과 메를린은 다시 장사를 시작했다.

메를린은 그래프를 이용해 손님들이 찾을 물건을 잽싸게 알아냈고, 존은 그런 메를린 덕분에 아주 편하게 장사를 할 수 있었다.

물론 그 후로도 사람들은 마녀를 발견했다며 종종 재판을 벌이곤 했다. 하지만 그전처럼 억울하게 처형을 시키지는 못했다. 결국 마녀라는 존재는 사람들의 기억에서 점점 잊혔고, 나중에는 마녀를 찾아냈다며 죽여야 한다고 소리치는 사람도 없어지게 됐다.

4학년 때 배우는 그래프에는 두 가지 종류가 있어요. 하나는 막대그래프, 또 다른 하나는 꺾은선그래프랍니다.

막대그래프는 우리가 3학년까지도 종종 봐 왔던 그래프예요. 또, 우리 생활 주변에서 쉽게 볼 수 있는 그래프지요. 그래서 우리 친구들이 보다 쉽게 이해할 수 있을 거예요. 막대그래프는 막대를 이용하여 자료의 값을 나타내는 그래프랍니다.

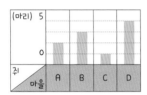

이런 모양의 막대로 나타낸 그래프를 막대그래프라고 하지요. 막대그래프는 여러 자료의 값을 한눈에 비교할 때 편리하다는 장점을 지니고 있어요.

막대그래프를 그릴 때에는 4가지 단계를 기억하면 쉽게 그릴 수 있어요. 첫째, 가로 눈금과 세로 눈금에 나타낼 것을 정해야 해요. 둘째, 자료의 값을 생각해서 한 눈금의 크기와 눈금의 수를 정해야 한답니다. 셋째, 조사한 자료를 바탕으로 막대를 그려 넣어 주세요. 마지막으로 막대그래프에 제목을 붙여 주면 막대그래프가 완성되지요.

꺾은선그래프는 자료의 값이 시간의 변화에 따라 어떻게 변화하는지를 꺾은선으로 표현한 그래프예요. 그래서 그래프 모양이 꺾은선으로 나타나게 되는 것이지요.

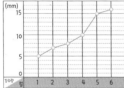

꺾은선그래프의 가장 큰 장점은 자료의 값이 시간이 지남에 따라 어떻게 변화하는지를 한눈에 쉽게 파악할 수 있다는 것이에요.

꺾은선그래프에는 조금 특별한 것이 있어요. 물결선으로 필요 없는 부분을 잘라줄 수 있다는 점이에요. 예를 들어, 5년 동안의 내 키 변화를 그래프로 나타내고자 한다면 100 아래의 눈금은 필요가 없을 거예요. 그럴 때, 물결선을 사용하여 필요 없는 부분을 단축시켜 줄 수 있답니다. 물결선을 이용하여 눈금의 100 아래 부분은 생략하고 100부터 내 최고 키까지의 눈금만을 나타낼 수 있어 더욱 편리해요.

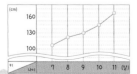

막대그래프는 우리 주위에서 쉽게 볼 수 있기 때문에 낯설지 않을 거예요. 막대그래프의 가장 큰 장점은 자료들을 한눈에 비교하기 쉽다는 점이에요. 가장 높이 올라와 있는 것이 자료의 값이 가장 큰 부분이고, 가장 낮게 올라와 있는 부분이 자료의 값이 가장 작은 부분이에요.

하지만 막대그래프의 단점도 있지요. 막대그래프는 무엇이 높고 낮은지 비교하기에는 편리하지만, 시간에 따라 변화하는 것을 나타내는 데에는 어려움이 있어요. 각자의 양을 비교하는 데는 편리하지만 하나의 자료가 시간이 지남에 따라 어떻게 변화해 가는지를 나타내는 데는 좋지 않아요. 또한, 조사하지 않은 값의 중간 값을 예상해서 구할 수가 없지요.

꺾은선그래프는 막대그래프와 달리 시간이 변함에 따라 하나의 자료가 어떻게 변해 가는지를 알 수 있다는 장점이 있어요. 시간이 지남에 따라 꺾은선이 올라갔다는 것은 크기가 커졌다는 것을 의미해요. 반대로 꺾은선이 낮아졌다는 것은 크기가 작아졌다는 뜻이지요. 또한 높낮이의 변화가 없는 것은 자료에 변화가 없다는 것을 의미해요.

 커졌다. 작아졌다.  그대로다.

그리고 꺾은선의 기울기에 따라서도 그래프를 해석할 수 있어요. 꺾은선이 많이 기울어져 있으면 변화가 크다는 것을 의미해요. 하지만 기울어진 정도가 작다면 변화가 작다는 것을 의미하지요.

 변화가 크다. 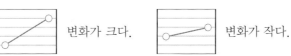 변화가 작다.

물결선은 눈금에서 필요없는 부분을 생략할 때 사용되지요. 물결선을 사용하면 같은 자료를 나타낸 그래프라도 눈금 사이의 크기가 작아지기 때문에 변화의 모양을 뚜렷하게 볼 수 있다는 장점이 있답니다.

개념 문제로 사고력을 키워요

 개념문제 다음 표는 영경이네 반 학생들이 좋아하는 과목을 조사한 것입니다. 표에서 빈칸을 채우세요.

과목별 좋아하는 학생 수						
과목	국어	수학	사회	과학	영어	합계
학생 수(명)	14	16		17	15	81

 개념문제 막대그래프를 그릴 때 세로에 학생 수를 나타낸다면 가로에는 무엇을 나타 내야 할까요?

(   )

 어떻게 풀까요?

총 학생 수가 81명이므로 81에서 나머지 과목의 학생 수를 더한 수인 62를 빼면 사회를 좋아 하는 학생 수를 구할 수 있습니다. 막대그래프에는 '과목별 좋아하는 학생 수'를 나타내기 때 문에 세로에 학생 수를 나타낸다면 가로에는 과목을 나타내야 합니다.

01 위의 개념 문제의 표를 보고 막대그래프를 완성하세요.

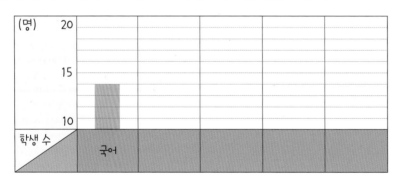

02 위의 막대그래프에서 학생들이 가장 많이 좋아하는 과목은 무엇인가요? (   )

① 국어   ② 수학   ③ 사회   ④ 과학   ⑤ 영어

개념문제 (가)와 (나) 중에서 꺾은선그래프로 그리기에 알맞은 것은 무엇인지 찾아보세요.

보경이네 반 친구들이 한 달 동안 읽은 책의 수			
이름	보경	성범	가영	화연
책의 수(권)	6	5	3	4

(가)

보경이가 매달 읽은 책의 수			
달	3	4	5	6
책의 수(권)	6	7	4	5

(나)

 어떻게 풀까요?

꺾은선그래프를 그리기에 알맞은 것은 '자료의 변화'를 알아보고자 할 때이다. 따라서 꺾은선 그래프로 그리기에 알맞은 것은 (나)이다. 막대그래프로 그리기에 알맞은 것은 '양의 비교'가 필요할 때이다. 따라서 (가)는 막대그래프로 나타내기에 알맞다.

01 개념 문제에서 정답에 해당하는 표를 바탕으로 꺾은선그래프를 완성하세요.

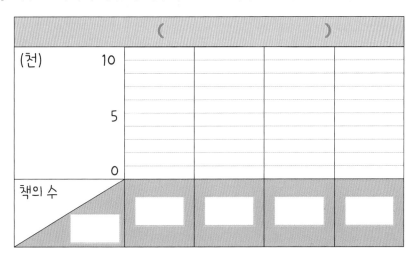

02 위의 그래프에서 지난달에 비해 읽은 책의 수가 줄어든 달은 몇 월인지 쓰세요.

(   )월

01 지난 3일 동안 우리 가족이 텔레비전을 본 시간을 표로 정리해 보세요.

가족 구성원	엄마	아빠	나	( )	( )
시청 시간(시간)					

(시간)

1) 지난 3일 동안 텔레비전을 가장 많이 시청한 사람은 누구인가요?

( )

2) 지난 3일 동안 텔레비전을 가장 적게 시청한 사람은 누구인가요?

( )

02 진영이는 매년 1월에 가족들과 함께 병원에 체격검사를 하러 갑니다. 매년 나타난 키의 변화를 한눈에 보기 쉽도록 그래프로 정리하려고 합니다. 진영이의 키 변화를 보고 물결선을 사용하여 꺾은선그래프를 완성해 주세요.

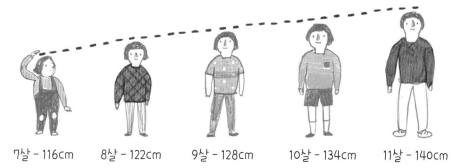

7살 – 116cm   8살 – 122cm   9살 – 128cm   10살 – 134cm   11살 – 140cm

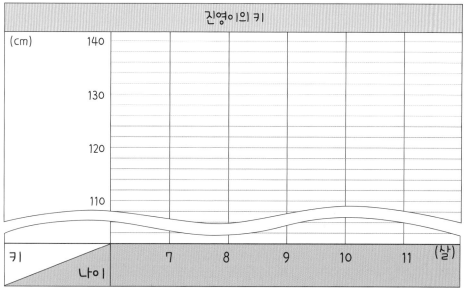

진영이의 키

1) 진영이가 12살에는 키가 몇이나 될지 예상해 보세요. (   )cm

2) 10살 6월에 진영이의 키는 몇 cm 정도였을지 추측해 보세요.

(   )cm

정답

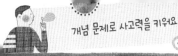

개념 문제로 사고력을 키워요

개념문제 다음 문제에 대한 식을 세우고, 답을 구하세요.

정민이의 저금통에는 500원짜리 동전 500개와 5000원짜리 지폐 50장이 있습니다. 정민이의 저금통에 든 500원짜리 동전과 5000원짜리 지폐는 모두 얼마일까요?

- 식 : $500 \times 500 + 5000 \times 50$
- 답 : $250000 + 250000 = 500000$

어떻게 풀까요?

500원 × 500개 = 250000원, 5000원 × 50장 = 250000원.
250000 + 250000원은 모두 500000원입니다.

01 1년은 모두 몇 시간인지 계산하세요.

- 식 : 24×365
- 답 : 8760

02 다음의 ☐를 채우면서 곱셈식을 완성하세요.

```
    1 2 3 4              1 2 3 4            1 2 3 4
  ×     2 5            ×       5          ×     2 0
  ---------            ---------          ---------
    6 1 7 0  ◄───────    6 1 7 0          2 4 6 8 0
  2 4 6 8 0  ◄──────────────────────────
  ---------
  3 0 8 5 0
```

개념 문제로 사고력을 키워요

개념문제 다음의 문제를 읽고 필요한 상자의 수를 구하세요.

풀 91개를 상자에 담아 정리하려고 합니다. 한 상자에 풀을 13개씩 담으려면 몇 개의 상자가 필요할까요?

- 식 : $91 \div 13$
- 답 : 7   (상자)

어떻게 풀까요?

풀 91개를 13개씩 묶어 한 상자에 넣으려면 총 7개의 상자가 필요합니다.
식 : 91 ÷ 13 = 7입니다.

01 다음의 문제를 해결하세요.

귤 804개를 한 봉지에 20개씩 담아 포장할 때,
필요한 봉지 수와 포장하고 남은 귤의 수를 구하세요.

(40   )봉지
(4   )개

02 다음 대화를 읽고, ☐를 채우세요.

엄마 : 승현아, 오늘 사 온 떡을 봉지에 나누어 담아 주겠니?

승현 : 네, 좋아요.

엄마 : 떡은 총 84개야. 26개씩 봉지에 넣어 주겠니?

승현 : 네, 엄마. 떡 정말 맛있어 보여요. 저 떡 몇 개만 먹어도 돼요?

엄마 : 그럼 떡을 봉지에 26개씩 넣고 남은 떡을 먹으렴.

→ 승현이가 먹게 될 떡은 총 6 개입니다.

03 다음 문제의 ☐를 채우면서 문제를 해결하세요.

책 123권을 책꽂이에 꽂으려고 합니다. 책꽂이 한 칸에는 13권씩 꽂을 수 있습니다. 필요한

책꽂이의 칸을 구하면 123 ÷ 13에서 몫은 9 이고 나머지는 6 입니다.

나머지에 해당하는 책도 책꽂이에 꽂으려면 책꽂이는 총 10 칸이 필요합니다.

04 다음 문제의 ☐를 채우면서 문제를 해결하세요.

연필 173개를 12개씩 묶어 상자에 넣으려면 몫은 14 이고 나머지는 5 입니다.

01 한별이는 부모님의 도움을 받아 인터넷에서 할아버지, 할머니께서 키우신 농작물을 팔려고 합니다. 아래의 총 금액란을 채워 주세요.

순서	상품명	한 개의 가격	주문 개수	총 금액	
1	참외	352원	28개	9856	(원)
2	수박	3193원	12개	38316	(원)
3	계란	200원	25개	5000	(원)
4	자두	269원	51개	13719	(원)
5	상추	365원	21묶음	7665	(원)

02 한별이는 아래의 규칙을 참고해, 튼튼한 돌다리를 골라 밟으려고 합니다. 한별이가 출발점에서 도착점까지 안전하게 건널 수 있도록 나눗셈 식을 풀어 보세요.

규칙
1. 출발점에서 도착점까지 선으로 이어 주세요.
2. 나눗셈이 옳게 계산된 돌다리로만 건너야 합니다.

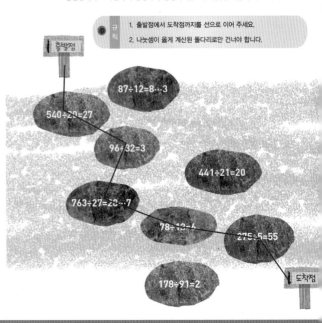

출발점

$87 \div 12 = 8 \cdots 3$

$540 \div 20 = 27$

$96 \div 32 = 3$

$441 \div 21 = 20$

$763 \div 27 = 28 \cdots 7$

$78 \div 13 = 6$

$275 \div 5 = 55$

$178 \div 91 = 2$

도착점

개념 문제로 사고력을 키워요

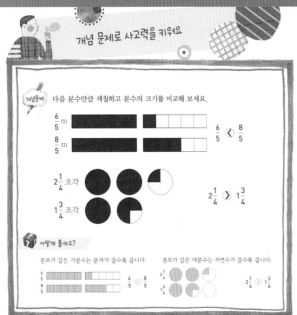

개념문제 다음 분수만큼 색칠하고 분수의 크기를 비교해 보세요.

$\frac{6}{5}$ m

$\frac{8}{5}$ m

$\frac{6}{5}$ $\langle$ $\frac{8}{5}$

$2\frac{1}{4}$ 조각

$1\frac{3}{4}$ 조각

$2\frac{1}{4}$ $\rangle$ $1\frac{3}{4}$

어떻게 풀까요?

분모가 같은 가분수는 분자가 클수록 큽니다.

$\frac{6}{5}$ $\langle$ $\frac{8}{5}$

분모가 같은 대분수는 자연수가 클수록 큽니다.

$2\frac{1}{4}$ $\rangle$ $1\frac{3}{4}$

01 다음 분수를 더하여 보세요.

$\frac{6}{5} + \frac{8}{5} = \frac{14}{5} = 2\frac{4}{5}$

$2\frac{1}{8} + 1\frac{3}{8} = 3\frac{4}{8}$

02 다음 분수를 빼 보세요.

$\frac{4}{5} - \frac{1}{5} = \frac{3}{5}$

$2\frac{3}{8} - 1\frac{1}{8} = 1\frac{2}{8}$

개념문제 소수 두 자리수의 덧셈을 해 보세요.

$0.34 + 0.62 = 0.96$

어떻게 풀까요?

$$\begin{array}{r} 0.34 \\ + 0.62 \\ \hline \end{array} \rightarrow \begin{array}{r} 0.34 \\ + 0.62 \\ \hline 0.96 \end{array}$$

$0.34 + 0.62 = 0.96$

소수의 덧셈은 자연수의 덧셈과 똑같이 하면 됩니다. 하지만 소수점을 반드시 맞추어 덧셈을 해야 합니다. 그리고 마지막 정답에 소수점을 알맞게 찍어야 합니다.

01 자연수가 있는 소수의 덧셈을 해 보세요.

$2.73 + 1.64 = 4.37$

02 소수 한 자리수의 뺄셈을 해 보세요.

$1.2 - 0.6 = 0.6$

03 소수 두 자리수의 뺄셈을 해 보세요.

$0.84 - 0.57 = 0.27$

04 자연수가 있는 소수의 뺄셈을 해 보세요.

$9.72 - 6.86 = 2.86$

수학 체험으로 창의력을 키워요

01 준은 엄마에게 사과 편지를 쓰려고 합니다. 아래의 칸에 숫자가 큰 순서대로 글자를 채워 담으세요.

$$\frac{3}{8} + \frac{1}{8} = \frac{4}{8}$$ 요

$$1\frac{2}{8} + \frac{1}{8} = 1\frac{3}{8}$$ 랑

$$3\frac{1}{8} - 1\frac{5}{8} = 1\frac{4}{8}$$ 사

$$4\frac{1}{8} + 1\frac{6}{8} = 5\frac{7}{8}$$ 엄

$$\frac{7}{8} - \frac{2}{8} = \frac{5}{8}$$ 해

$$6\frac{3}{8} - \frac{7}{8} = 5\frac{4}{8}$$ 마

사랑하는 엄마께

엄마! 그동안 아빠와 저 때문에 많이 힘드셨죠? 정말 죄송해요.
앞으로 아빠와 제가 엄마 일 도와드릴게요.

| 엄 | 마 | | 사 | 랑 | 해 | 요 | . |

아들 준 올림

02 아빠와 준은 엄마가 좋아하시는 탕수육을 만들려고 합니다. 탕수육을 만들려면 많은 재료가 필요합니다. 소수의 덧셈과 뺄셈이 바르게 계산된 재료에 ○ 하세요.

돼지고기
0.67 + 0.29 = 0.96

소금
1.6 - 0.8 = 0.7

설탕
3.75 + 1.63 = 5.38

계란
0.89 - 0.45 = 0.44

마요네즈
0.78 + 0.18 = 0.76

식초
5.34 - 3.29 = 2.05

전분
1.9 - 0.4 = 0.96

빵가루
2.56 + 4.79 = 7.35

생선
8.25 - 4.37 = 0.68

케첩
0.62 - 0.46 = 0.16

개념 문제로 사고력을 키워요

개념문제 다음의 이야기를 식으로 나타내고, 답을 구하세요.

선생님께서 성재에게 비타민 25개를 주셨습니다. 성재는 비타민을 들고 집에 가다가 지한이에게 17개를 주었습니다. 이를 보신 지한이 어머니는 성재에게 비타민 15개를 주셨습니다. 성재가 가지고 있는 비타민은 총 몇 개인가요?

(25-17+15=23)

 어떻게 풀까요?

성재가 처음에 가지고 있던 비타민 25개에서 17개를 덜어내고, 여기에 15개를 더하면 됩니다.
즉, 25-17+15=23, 총 23개를 가지고 있습니다.

01 다음의 □를 채우면서 식을 완성하세요.

$$78 - (\ 16 + 12 \ ) = \boxed{50}$$

① 28
② 50

02 다음 문제를 식을 세워 해결하세요.

한 판에 30개씩 들어 있는 계란 6판을 사서 9집이 골고루 나눠 가졌습니다. 한 집에서 가져가는 계란은 총 몇 개인가요?

● 식 : 30×6÷9
● 답 : 20

03 다음의 □를 채우면서 식을 완성하세요.

$$28 - (\ 28 \div 14 \ ) = \boxed{26}$$

① 2
② 26

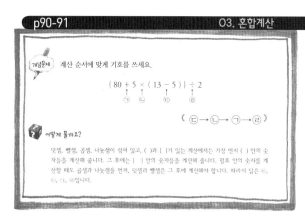

개념문제 계산 순서에 맞게 기호를 쓰세요.

$$\{ 80 + 5 \times (13 - 5) \} \div 2$$
㉠　㉡　　㉢　　㉣

(㉢→㉡→㉠→㉣)

어떻게 풀까요?

덧셈, 뺄셈, 곱셈, 나눗셈이 섞여 있고, ( )과 { }가 있는 계산에서는 가장 먼저 ( ) 안의 숫자들을 계산해 줍니다. 그 후에는 { } 안의 숫자들을 계산해 줍니다. 괄호 안의 계산할 때도 곱셈과 나눗셈을 먼저, 덧셈과 뺄셈은 그 후에 계산해야 합니다. 따라서 답은 ㉢, ㉡, ㉠, ㉣입니다.

01 다음 식의 계산 순서를 나타내고 계산하세요.

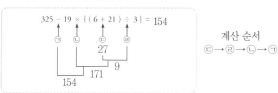

$$325 - 19 \times \{ (\ 6 + 21 \ ) \div 3 \} = 154$$
㉠　㉡　　㉢　　㉣

27
9
171
154

계산 순서
㉢→㉣→㉡→㉠

02 선생님께서 학생들에게 나누어 주려고 연필을 7다스를 준비했습니다. 한 반에는 4명씩 6모둠의 학생들이 있는데 선생님께서는 한 학생당 연필을 3자루씩 주셨습니다.

선생님께서 나누어 주고 남은 연필은 몇 자루인지 식을 만들고 답을 구하세요.

● 식 : 7×12-{(4×6)×3}=12
● 답 : 12

01 다음의 숫자 카드와 연산 카드를 3장만 써서 가장 큰 답이 나오는 식을 만들어 보세요.
또한 가장 작은 답이 나오는 식을 만들어 보세요.

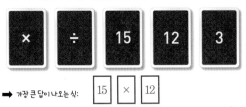

➡ 가장 큰 답이 나오는 식: 　15　×　12

➡ 가장 작은 답이 나오는 식: 　3　÷　15

02 다음 두 식의 차이점을 적어 보세요.

$12 \div 4 \times 3$ 　　　 $12 \times 4 \div 3$

왼쪽 식을 나눗셈을, 오른쪽 식은 곱셈을 먼저 합니다.
왼쪽 식의 답은 9, 오른쪽 식의 답은 16입니다.

_____

03 진선이는 영선이 집에 놀러 가려고 합니다. 영선이네 집을 올바르게 찾기 위해서는 다음 혼합 계산을 바르게 계산할 수 있어야 합니다. 혼합 계산의 결과가 40보다 작다면 아래로, 혼합 계산의 결과가 40보다 크다면 옆으로 이동하세요.

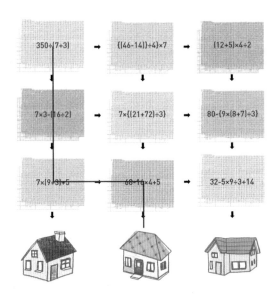

개념 문제로 사고력을 키워요

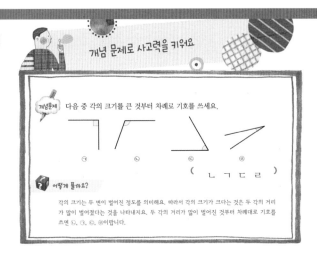

개념문제 다음 중 각의 크기를 큰 것부터 차례로 기호를 쓰세요.

㉠　　㉡　　㉢　　㉣
(ㄴ ㄱ ㄷ ㄹ)

어떻게 풀까요?
각의 크기는 두 변이 벌어진 정도를 의미해요. 따라서 각의 크기가 크다는 것은 두 각의 거리가 많이 벌어졌다는 것을 나타내지요. 두 각의 거리가 많이 벌어진 것부터 차례로 기호를 쓰면 ㉡, ㉠, ㉢, ㉣이랍니다.

01 각도기를 이용하여 다음의 각도를 재어 보세요.

(45°) 　　　 (120°)

02 각도기를 이용하여 점 ㄴ을 꼭짓점으로 하고 주어진 선분을 한 변으로 하는 각도가 110°인 각을 그려보세요.

110°

개념문제 다음 두 각도의 합과 차를 구하세요.

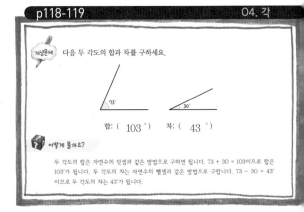

73°　　　30°

합: (103°) 　 차: (43°)

어떻게 풀까요?
두 각도의 합은 자연수의 덧셈과 같은 방법으로 구하면 됩니다. 73 + 30 = 103이므로 합은 103°가 됩니다. 두 각도의 차는 자연수의 뺄셈과 같은 방법으로 구합니다. 73 - 30 = 43°이므로 두 각도의 차는 43°가 됩니다.

01 ☐ 안에 알맞은 수를 써 넣으세요.

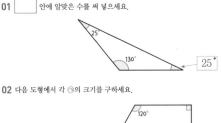

25
130°
25°

02 다음 도형에서 각 ㉠의 크기를 구하세요.

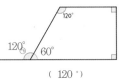

120°
120°
60°
120°

(120°)

수학 체험으로 창의력을 키워요

01 소영이는 엄마와 함께 블록을 이용하여 집을 만들어 보았어요. 다음 그림에서 예각에는 ✓으로, 직각에는 └으로, 둔각에는 ⤸으로 표시하여 보세요.

02 다음 점판에서 각각 다른 모양의 둔각삼각형을 3개, 예각삼각형을 3개 만들어 봅시다. (단, 각 삼각형은 서로 겹치지 않아야 합니다.)

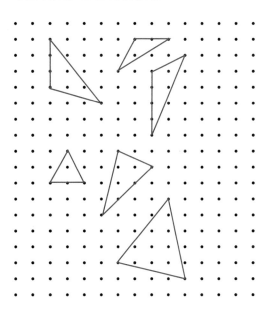

개념 문제로 사고력을 키워요

개념문제 다음 표는 영경이네 반 학생들이 좋아하는 과목을 조사한 것입니다. 표에서 빈칸을 채우세요.

과목별 좋아하는 학생 수					
과목	국어	수학	사회	과학	영어	합계
학생 수(명)	14	16	19	17	15	81

개념문제 막대그래프를 그릴 때 세로에 학생 수를 나타낸다면 가로에는 무엇을 나타내야 할까요?

(과목   )

어떻게 풀까요?

총 학생 수가 81명이므로 81에서 나머지 과목의 학생 수를 더한 수인 62를 빼면 사회를 좋아하는 학생 수를 구할 수 있습니다. 막대그래프에는 '과목별 좋아하는 학생 수'를 나타내기 때문에 세로에 학생 수를 나타낸다면 가로에는 과목을 나타내야 합니다.

01 위의 개념 문제의 표를 보고 막대그래프를 완성하세요.

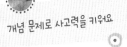

02 위의 막대그래프에서 학생들이 가장 많이 좋아하는 과목은 무엇인가요? (③)

① 국어   ② 수학   ③ 사회   ④ 과학   ⑤ 영어

개념문제 (가)와 (나) 중에서 꺾은선그래프로 그리기에 알맞은 것은 무엇인지 찾아보세요.

보경이네 반 친구들이 한 달 동안 읽은 책의 수				
이름	보경	성범	가영	환연
책의 수(권)	6	5	3	4

(가)

보경이가 매달 읽은 책의 수				
달	3	4	5	6
책의 수(권)	6	7	4	5

(나)

어떻게 풀까요?

꺾은선그래프를 그리기에 알맞은 것은 '자료의 변화'를 알아보고자 할 때입니다. 따라서 꺾은선그래프로 그리기에 알맞은 것은 (나)이다. 막대그래프로 그리기에 알맞은 것은 '양의 비교'가 필요할 때입니다. 따라서 (가)는 막대그래프로 나타내기에 알맞다.

01 개념 문제에서 정답에 해당하는 표를 바탕으로 꺾은선그래프를 완성하세요.

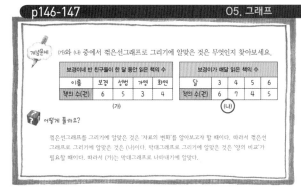

02 위의 그래프에서 지난달에 비해 읽은 책의 수가 줄어든 달은 몇 월인지 쓰세요.

(5   )월

수학 체험으로 창의력을 키워요

01 지난 3일 동안 우리 가족이 텔레비전을 본 시간을 표로 정리해 보세요.

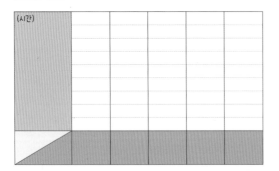

가족 구성원	엄마	아빠	나	( )	( )
시청 시간(시간)					

(시간)

1) 지난 3일 동안 텔레비전을 가장 많이 시청한 사람은 누구인가요?
( )

2) 지난 3일 동안 텔레비전을 가장 적게 시청한 사람은 누구인가요?
( )

02 진영이는 매년 1월에 가족들과 함께 병원에 체격검사를 하러 갑니다. 매년 나타난 키의 변화를 한눈에 보기 쉽도록 그래프로 정리하려고 합니다. 진영이의 키 변화를 보고 물결선을 사용하여 꺾은선그래프를 완성해 주세요.

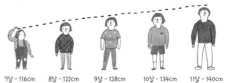

7살 - 116cm 8살 - 122cm 9살 - 128cm 10살 - 134cm 11살 - 140cm

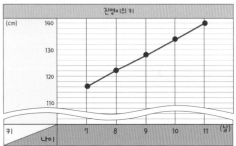

진영이의 키

1) 진영이가 12살에는 키가 몇이나 될지 예상해 보세요. (146)cm

2) 10살 6월에 진영이의 키는 몇 cm 정도였을지 추측해 보세요.
(137)cm

글 서지원 | 그림 허경미 | 감수 및 문제 출제 김혜진, 김가희, 구미진, 최미라, 김민회

펴낸날 2013년 10월 20일 초판 1쇄 | 2016년 6월 1일 초판 2쇄

펴낸이 김상수 | 기획·편집 고여주, 위혜정 | 디자인 정진희, 김수진 | 영업·마케팅 황형석, 서희경

펴낸곳 루크하우스 | 주소 서울시 성동구 아차산로 143 성수빌딩 208호 | 전화 02)468-5057~8 | 팩스 02)468-5051

출판등록 2010년 12월 15일 제2010-59호

www.lukhouse.com cafe.naver.com/lukhouse

© 서지원, 2013

저작권자의 동의 없이 무단 복제 및 전재를 금합니다.

ISBN 979-11-5568-006-3 64410
      978-89-97174-43-0 [set]

※ 잘못된 책은 구입처에서 바꾸어 드립니다.
※ 값은 뒤표지에 있습니다.

상상의집은 (주)루크하우스의 아동출판 브랜드입니다.

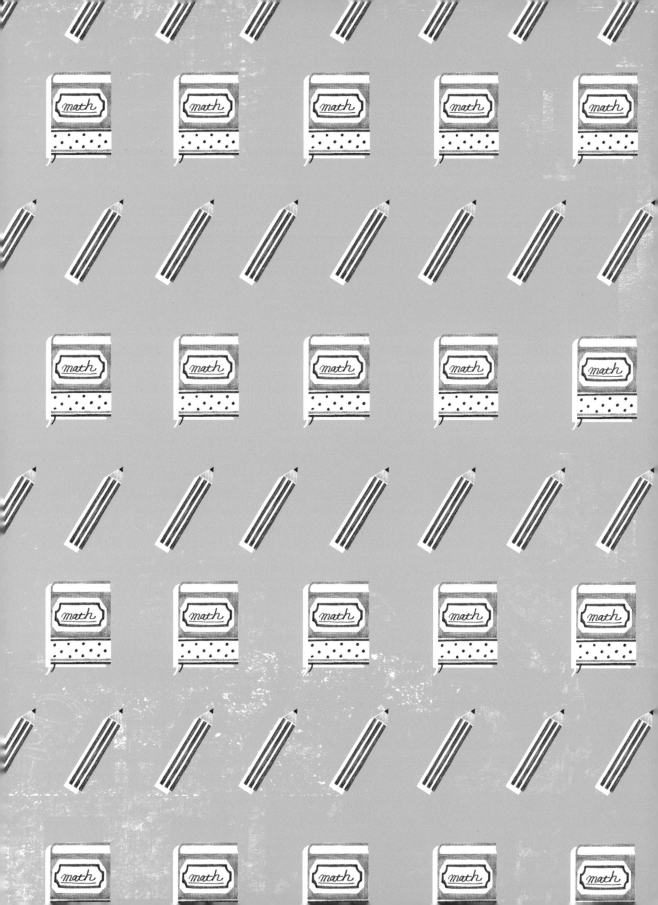

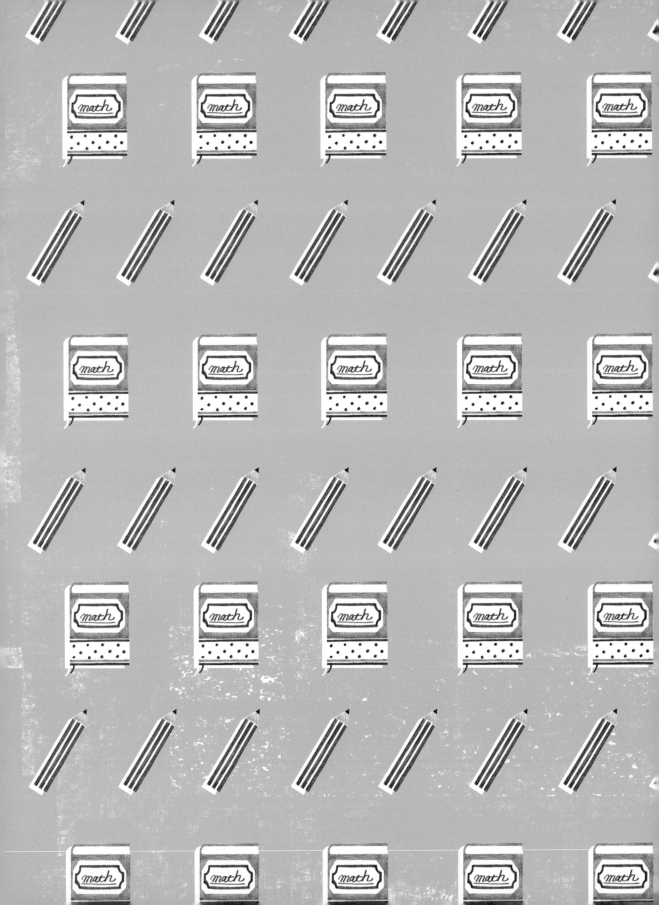

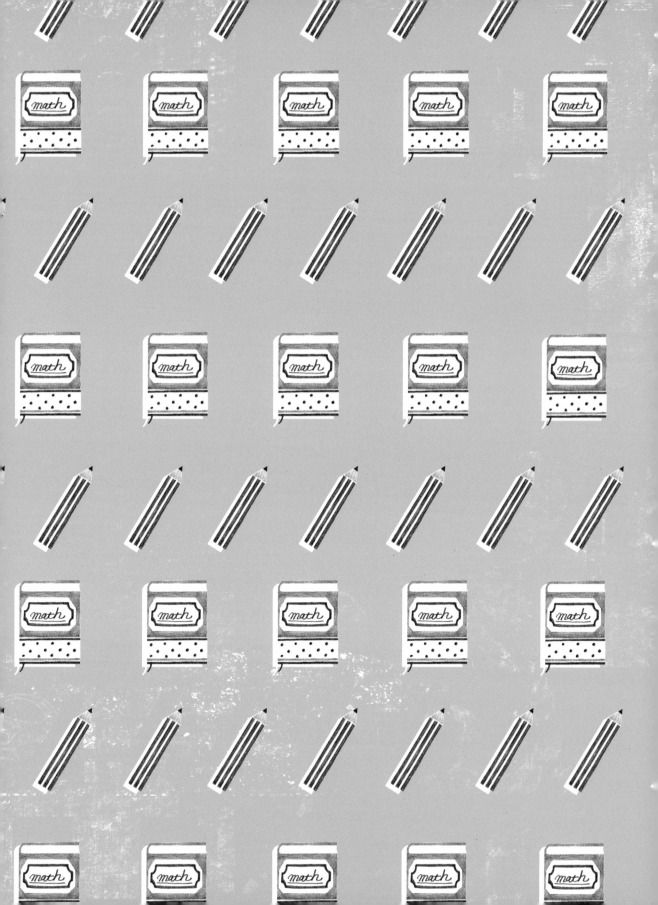

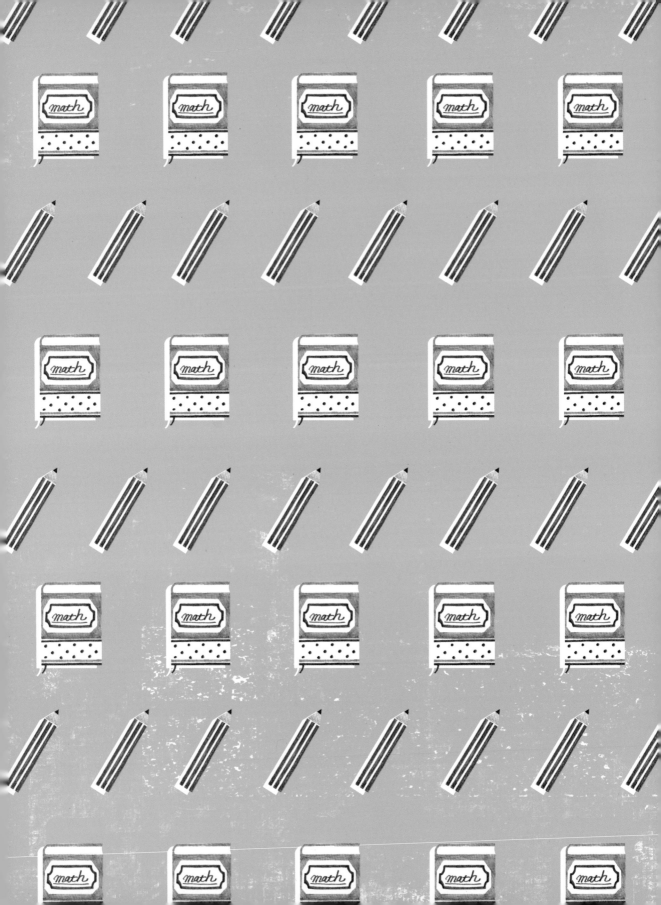